艺术设计
ART DESIGN

Premiere/VR景观视频剪辑与设计

Premiere/VR JINGGUAN SHIPIN JIANJI YU SHEJI

主　编　蔡文明　刘　雪
副主编　张　超　谢昕芹

华中科技大学出版社
http://www.hustp.com
中国·武汉

内 容 简 介

本书采用的软件版本是 Adobe Premiere Pro CS6。为帮助用户掌握影视制作的步骤,本书以浅显易懂的语言和直观的截图,结合影视制作的基本知识进行介绍,讲解了 Premiere 的具体用法。本书通过基本操作与虚拟现实的景观设计实用案例,加深用户对 Premiere 在景观设计领域应用的理解。

全书共分 19 章,从普通视频编辑基础的相关概念开始介绍,逐步讲解了 Premiere 制作影片的基本流程、Premiere Pro CS6 的基本操作、采集和导入素材、素材的编辑和管理、为素材应用视频切换效果、为素材添加视频特效、为素材添加音频、使用调音台进行音频的高级设置、创建字幕与图形对象、色彩校正与运动效果、合成影片、输出影片、创建 DVD 和制作各种类型的影片、VR 在不同领域的运用以及如何和景观设计领域结合等知识。书中将影视制作的操作和实际案例相结合,帮助用户更好地熟悉制作流程,快速高效地掌握 Premiere 的应用步骤。在读者了解视频制作的流程后,进行知识拓展,以 Premiere 为核心,与 VR 虚拟现实、三维建模、景观设计知识结合,完整地展示了利用 Premiere 完成 VR 景观视频的剪辑与设计。

书中内容简明直观,步骤详细,并对视频制作中常见的词汇做了详细解释。本书是广告学、数字媒体、影视制作、动画设计、环境设计等专业的基础软件应用学习指导书,也适合零基础或刚入门的用户作为参考书,还适合作为相关专业的培训教材。

图书在版编目(CIP)数据

Premiere/VR 景观视频剪辑与设计/蔡文明,刘雪主编.—武汉:华中科技大学出版社,2017.9
高等院校艺术学门类"十三五"规划教材
ISBN 978-7-5680-3041-0

Ⅰ.①P… Ⅱ.①蔡… ②刘… Ⅲ.①景观设计-视频编辑软件-高等学校-教材 Ⅳ.①TU986.2-39

中国版本图书馆 CIP 数据核字(2017)第 144077 号

Premiere/VR 景观视频剪辑与设计
Premiere/VR Jingguan Shipin Jianji yu Sheji

蔡文明　刘雪　主编

策划编辑:彭中军
责任编辑:彭中军
封面设计:孢　子
责任校对:曾　婷
责任监印:朱　玢
出版发行:华中科技大学出版社(中国·武汉)　　电话:(027)81321913
　　　　　武汉市东湖新技术开发区华工科技园　　邮编:430223
录　　排:华中科技大学惠友文印中心
印　　刷:武汉科源印刷设计有限公司
开　　本:880mm×1230mm　1/16
印　　张:13.5
字　　数:395 千字
版　　次:2017 年 9 月第 1 版第 1 次印刷
定　　价:79.00 元

前言

　　本书内容简明直观、步骤详细，并对视频制作中常见的词进行了详细解释。本书是广告学、数字媒体、影视制作、动画设计、环境设计等专业的基础软件应用课程，同时适合零基础的用户作为参考用书，还适合作为相关专业的培训教材。本书基于 Adobe Premiere Pro CS6 版本编写。为帮助用户掌握影视制作的步骤，本书以浅显易懂的语言和直观的教学截图，结合影视制作的基本知识和学习视频，介绍了 Premiere 的具体用法。本书通过基本操作与虚拟现实的景观设计实用案例，加深用户对 Premiere 在景观设计领域作用的理解。

　　本书的亮点是在每章的篇扉设置了相关知识的二维码，读者可以通过直观的视频资料学习软件的知识。全书共分 19 章，从普通视频编辑基础的相关概念介绍开始，逐步为用户讲解 Premiere 制作影片的基本流程、基本操作、采集和导入素材、素材的编辑和管理、为素材应用视频切换效果、为素材添加视频特效、为素材添加音频、使用调音台进行音频的高级设置、创建字幕与图形对象、色彩校正与运动效果、合成影片、输出影片、创建 DVD 和制作各种类型的影片、VR 在不同领域的运用，以及如何和景观设计领域结合等知识。本书将影视制作的操作和实际案例相结合，帮助用户更好地熟悉制作流程，快速、高效地学习 Premiere 的操作。在用户了解视频制作的流程后，进一步拓展知识，以 Premiere 为核心，与 VR 虚拟现实、三维建模、景观设计知识结合，完整地展示了利用 Premiere 完成 VR 景观视频的剪辑与设计的做法。

　　参与本书撰写的作者除了我以外，还有武汉大学的刘雪、张超、谢昕芹、陆昊、肖晓月等。在此一并感谢大家。由于时间仓促，能力有限，书中难免存在缺陷，还望读者批评指正。

　　最后，非常感谢所有帮助和关心过我的人！如武汉大学张薇教授、湖北经济学院王远坤教授、华中科技大学出版社彭中军编辑等。对他们给予的指导和帮助表示诚挚的谢意！

蔡文明

2017 年 9 月 22 日写于珞珈山

PREMIERE/VR JINGGUAN SHIPIN JIANJI YU SHEJI

PREMIERE/VR JINGGUAN SHIPIN JIANJI YU SHEJI

第1章

普通视频编辑基础

PUTONG SHIPIN BIANJI JICHU

本书中的素材可扫描下面的二维码获取。

1.1

视频基础

1.1.1　画面的景别

　　景别是指被摄主体和画面形象在电视屏幕框架结构中所呈现的大小和范围。电视画面的景别从外形上讲,是指画面包容景物范围的大小,或者说画面主体(主要对象)占据画面空间的大小。从创作角度来讲,它是一种表现手段。电视摄像中景别的处理,既是电视艺术创作的重要组成部分,也是电视摄像工作中重要环节和造型手段。从视觉原理角度分析,不同景别的组合,会形成不同的造型效果和视觉效果。实际摄像中,摄像师对景别的处理,应针对节目主题内容,不断去把握、设计、分析处理镜头画面,这样才能更好地实现画面语言叙事功能,充分发挥电视景别作用。

　　景别是电视画面创作中重要的造型手段和制约观众视线的有效手段。

　　(1) 景别变化带来视点的变化,满足观众不同视距、视角观看景物的心理要求。观众在看电视时,与屏幕的距离是相对稳定的,电视中景别的变化,使电视画面形象时而呈现全貌,时而呈现细部,满足观众视觉感知分析需要,清楚地建立对呈现物的印象。

　　(2) 景别变化可以实现造型意图,使画面表现内容目的性、指向性很强。景别规范和限制观众视线范围,决定观众视觉接受信息,引导观众去注意和观看事物的不同侧面,使画面对事物的表现和叙述有层次、重点和顺序。

　　(3) 景别变化是形成影片节奏的变化重要因素之一。不同景别体现不同画面造型目的,带来视觉不同节奏变化,从而赋予了不同的观众时空调度。显然,报道体育新闻需快节奏,介绍某一英雄人物需慢节奏。

　　(4) 两极景别超距离、超比例的表现具有某种移情作用。两极景别带来的特殊画面形式,使观众产生某种情绪,调动观众审美过程中的情感活动,使观众由此产生极为丰富、细腻的联想,使画面最终所表现的不仅是画面内所呈现的景物或物体,而且包涵观众内心世界中与画面形象相联系的所有的认识和情感。总之,一个电视节目的景别运用得是否得当,是检验摄像师创作思路是否清晰,表现的意图是否明确的标准。它是检验摄像师水平的重要标尺之一。

1.1.2　视频编辑名词

　　视频编辑的常用术语包括 7 种,即帧和场、分辨率、渲染、电视制式、复合视频信号、编码解码器、"数字/模拟"转换器。下面简单介绍一下。

1.帧和场

　　帧是视频技术中常用的最小单位。一帧是由两次扫描获得的一幅完整图像的模拟信号。视频信号的每次扫描称为场。

视频信号扫描的过程是从图像左上角开始,水平向右到达图像右边后迅速返回左边,并另起一行重新扫描。这种从一行到另一行的返回过程称为水平消隐。每一帧扫描结束后,扫描点从图像的右下角返回左上角,开始新一帧的扫描。从右下角返回左上角的时间间隔称为垂直消隐。一般行频表示每秒扫描多少行,场频表示每秒扫描多少场,帧频表示每秒扫描多少帧。

2.分辨率

分辨率即帧的大小(frame size),表示单位区域内垂直和水平的像素数值,一般单位区域中像素数值越大,图像显示越清晰,分辨率也就越高。电视制式、分辨率、用途如表1-1所示。

表 1-1　电视制式、分辨率、用途

制式	分辨率	用途
NTSC	352×240	VCD
	720×480、704×480	DVD
	480×480	SVCD
	720×480	DV
	640×480、704×480	AVI 视频格式
PAL	352×288	VCD
	720×576、704×576	DVD
	480×576	SVCD
SECAM	720×576	DVD

3.渲染

渲染是为要输出的文件应用了转场及其他特效后,将源文件信息组合成单个文件的过程。

4.电视制式

电视信号的标准称为电视制式。目前各国的电视制式各不相同,制式的区分主要在于其帧频(场频)、分辨率、信号带宽及载频、色彩空间转换的不同等。电视制式主要有 NTSC 制式、PAL 制式和 SECAM 制式三种。

5.复合视频信号

复合视频信号包括亮度和色度的单路模拟信号,即从全电视信号中分离出伴音后的视频信号,色度信号间插在亮度信号的高端。这种信号一般可通过电缆输入或输出至视频播放设备上。由于该视频信号不包含伴音,与视频输入端口、输出端口配套使用时还设置音频输入端口和输出端口,以便同步传输伴音,因此复合视频端口也称 AV 端口。

6.编码解码器

编码解码器的主要作用是对视频信号进行压缩和解压缩。一般分辨率为 640×480 的视频信息,以每秒 30 帧的速度播放,在无压缩的情况下每秒传输的容量高达 27 MB。因此,只有对视频信息进行压缩处理,才能在有限的空间中存储更多的视频信息,这个对视频进行压缩、解压的硬件就是"编码解码器"。

7."数字/模拟"转换器

"数字/模拟"转换器是一种将数字信号转换成模拟信号的装置。"数字/模拟"转换器的位数越高,信号失真越小,图像也更清晰。

1.1.3 景观设计视频常用视频与音频格式简介

1. AVI

AVI 是 audio-videoInterleave（音频视频交织）的缩写。这是一种专门为 Microsoft Windows 环境设计的数字视频文件格式。

2. BD

蓝光光盘（BD）是使用蓝紫光雷射的可选光盘格式，允许将数据打包在 25 GB 和 50 GB 的蓝光光盘中，并播放高清晰度的视频。

DNLE 是 digital non-linear editing（数字非线性编辑）的缩写。这是一种用于组合和编辑多个视频素材以生成最终产品的方法。DNLE 提供在编辑过程中的任何时候，对主带上的所有源资料和所有部分的随机访问。

3. DV

DV 是 digital video（数字视频）的首字母缩写，代表非常具体的视频格式，就像 VHS 或 High-8 一样。

4. DVD

数字通用光盘（DVD）由于其质量优势，而在视频制作中得到广泛应用。它不仅能保证一流的音频和视频质量，而且保存的数据量是 VCD 和 SVCD 的数倍之多。DVD 使用 MPEG-2 格式。这种格式的文件大小比 MPEG-1 大得多，且能够以单面或双面以及单层或双层的形式制造。这些 DVD 可以在单独的 DVD 播放机中播放，也可以在计算机的 DVD-ROM 驱动器中播放。

5. FireWire

这是一种标准接口，用于将诸如 DV 摄像机之类的数字音频/视频设备连接到计算机。它是 Apple computers 为 IEEE-1394 标准取的商标名。

6. HDV

HDV 是 high definition video（高清晰度视频）的缩写。这是一种视频记录格式，通过它可以获得高数据压缩，进而获得更高的画面分辨率。HDV 的分辨率最高可以达到 1920×1080。

7. IEEE

IEEE 是 Institute of Electrical and Electronics Engineers（美国电气电子工程师协会）的缩写。这是一个非营利性组织，负责设立和审查电子行业的标准。IEEE-1394 是一种标准，允许计算机和 DV 摄像机、VCR 或其他任意类型的数字音频/视频设备之间高速串行连接。符合此标准的设备每秒至少可以传输 100 MB 的数字数据。

8. MP3

MP3 是 MPEG（moving picture experts group）audiolayer-3 的缩写。MP3 是一种音频压缩技术，能够以非常小的文件大小制造出接近 CD 的音频质量，从而使其能够通过 Internet 快速传输。

9. MPEG-1

MPEG-1 是一种在诸如 VCD 之类的多种产品中使用的音频和视频压缩标准。对 NTSC,其视频分辨率为 352×240,帧速率为 29.97 fps。对 PAL,其视频分辨率为 352×288,帧速率为 25 fps。

10. MPEG-2

MPEG-2 是 MPEG-1 的一个子集，是用于诸如 DVD 之类的产品的音频和视频压缩标准。对 NTSC DVD,其

视频分辨率为 720×480,帧速率为 29.97 fps。对 PAL DVD,其视频分辨率为 720×576,帧速率为 25 fps。

11. NLE

NLE 是 nonlinear editing(非线性编辑)的缩写。对 VCR 的传统编辑必须是线性的,因为必须按顺序访问视频磁带上的素材。计算机编辑则可以按照任何方便的顺序完成。

NTSC 是北美洲、日本、中国台湾地区和其他一些地区使用的视频标准。其帧速率为 29.97 fps。PAL 通常在欧洲、澳大利亚、新西兰、中国大陆、泰国和其他一些亚洲地区使用。其帧速率为 25 fps。这两种标准还有其他不同之处。在 DV 和 DVD 领域中,NTSC 的视频分辨率为 720×480,而 PAL 则为 720×576。

12. SVCD

超级视频光盘(SVCD)通常描述为 VCD 的增强版本。它基于支持变化位速率(VBR)的 MPEG-2 技术。SVCD 的典型播放时间为 30～45 分钟。虽然可以将播放时间延长到 70 分钟,但这需要降低声音和图像的质量。SVCD 可以在单独的 VCD /SVCD 播放机、多数 DVD 播放机和所有带有 CD-ROM /DVD-ROM 的 DVD /SVCD 播放器软件上播放。

13. VCD

视频光盘(VCD)是使用 MPEG-1 格式的 CD-ROM 的特殊版本。导出影片的质量几乎相同,但通常比使用 VHS 磁带的影片质量要好。VCD 可以在 CD-ROM 驱动器、VCD 播放机中回放,甚至可以在 DVD 播放机中回放。

14. 按场景分割

此功能将不同的场景自动分割成若干单独的文件。在 Corel 会声会影中,场景的检测方式取决于所处的步骤。在"捕获"步骤中,"按场景分割"功能根据原始镜头的录制日期和时间来检测各个场景。在"编辑"步骤中,如果已将"按场景分割"功能应用于 DVAVI 文件,则可以按两种方式来检测场景:按录制日期和时间和按视频内容的变化。但是在 MPEG 文件中,只能根据内容的变化来检测场景。

1.2
数字视频基本常识

1.2.1 模拟信号与数字信号

数字信号是指以高电平和低电平两个二进制数字量表示的信号,因此数字信号是一种矩形波信号。电子线路处理的信号大致有两类:模拟信号和数字信号。对模拟信号进行传输和处理的电路称为模拟电路,对数字信号进行传输和处理的电路称为数字电路。

模拟信号是指时间上和数值上均连续的信号,如由温度传感器转换来的反映温度变化的电信号等。最典型的模拟信号是正弦波信号,如图 1-1(a)所示。模拟信号的振幅(大小)和周期(频率)总在某一范围内变化,任一时刻的数值均处于最大值和最小值之间。例如声音信号很容易转换成模拟电信号,当音量大小变化时,模拟声音的电信号的幅度也随之发生变化。当音调变化时,模拟声音的电信号的频率也随之变化。模拟信号的优点是用精确的值表示事物,缺点是难以度量且容易受噪声的干扰。

数字信号是指时间上和数值上均离散的信号,如开关位置、数字逻辑等,最典型的数字信号是矩形波信号,如图 1-1(b)所示。数字信号所表现的形式是一系列的高、低电平组成的脉冲波,即信号总在高电平和低电平间来回变化。

通常所说的模拟信号数字化是指将模拟的话音信号数字化、将数字化的话音信号进行传输和交换的技术。这一过程涉及数字通信系统中的两个基本组成部分:一个是发送端的信源编码器,它将信源的模拟信号变换为数字信号,即完成模拟/数字(A/D)变换;另一个是接收端的译码器,它将数字信号恢复成模拟信号,即完成数字/模拟(D/A)变换,将模拟信号发送给信宿。

数字通信系统具有许多优点,但许多信源输出都是模拟信号。若要利用数字通信系统传输模拟信号,一般需三个步骤。

(1) 把模拟信号数字化,即模拟/数字(A/D)转换,将原始的模拟信号转换为时间离散和值离散的数字信号。

(2) 进行数字方式传输。

(3) 把数字信号还原为模拟信号,即数字/模拟(D/A)转换。

A/D 转换和 D/A 转换的过程通常由信源编码器实现,所以通常将发端的 A/D 转换称为信源编码(如将语音信号的数字化称为语音编码),而将收端的 D/A 转换称为信源译码。

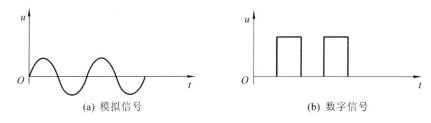

(a) 模拟信号　　　　　　　　　(b) 数字信号

图 1-1　模拟信号和数字信号

不同的数据必须转换为相应的信号才能进行传输。模拟数据(模拟量)一般采用模拟信号(analog signal)。例如用一系列连续变化的电磁波(如无线电与电视广播中的电磁波)或电压信号(如电话传输中的音频电压信号)来表示。数字数据(数字量)则采用数字信号(digital signal)表示。例如用一系列断续变化的电压脉冲(如可用恒定的正电压表示二进制数 1,用恒定的负电压表示二进制数 0)或光脉冲来表示。

当模拟信号采用连续变化的电磁波来表示时,电磁波本身既是信号载体,同时也作为传输介质。而当模拟信号采用连续变化的电压信号来表示时,它一般通过传统的模拟信号传输线路(例如电话网、有线电视网)来传输。当数字信号采用断续变化的电压脉冲或光脉冲来表示时,一般则需要用双绞线、电缆或光纤介质将通信双方连接起来,以将信号从一个节点传到另一个节点。

模拟信号和数字信号之间可以相互转换。模拟信号一般通过 PCM(pulse code modulation)方法量化为数字信号,即让模拟信号的不同幅度分别对应不同的二进制值。例如采用 8 位编码可将模拟信号量化为 $2^8 = 256$ 个量级,实用中常采取 24 位或 30 位编码;数字信号一般通过对载波进行移相(phase shift)的方法转换为模拟信号。计算机、计算机局域网与城域网中均使用二进制数字信号,目前在计算机广域网中实际传送的则既有二进制数字信号,也有由数字信号转换而得的模拟信号,但是更具应用发展前景的是数字信号。

1.2.2　帧速率和场

1. 场

视频带场:隔行扫描方式。隔行扫描分为上场优先和下场优先两种。上场优先(奇场优先):电视扫描画面优先扫描奇数行(1,3,5…)。下场优先(偶场优先):电视扫描画面优先扫描偶数行(2,4,6…)。

(1) PAL 制电视画面由 625 行组成(行频)。

(2) 显示器以电子枪扫描的方式显示图像,采用逐行扫描(1,2,3…)。

(3) DV/DVD 截取的视频都是带场的,在 AE 中使用图像边缘会出现锯齿,是因为没有正确解释场,播出时出现了画面抖动。

2. 帧速率

有些做科学研究的会选择高速快门的摄像机,用以观察某些物质的运动姿态。

当快门速度快时,用于逐帧播放,物质的运动跨度就会小。快门速度慢时,跨度就大(类似于瞬间移动)。

在日常生活中,帧速率只用于对摄像机的曝光调节。电视或者剪辑软件基本上都是 25 帧/秒的。所以快门的快慢效果不是很明显。其实还有个生活中可以发现的,可以拿着摄像机去拍摄电视机或者在下雨的时候拍摄雨滴,分别用快门和慢门拍摄,然后在放到剪辑软件中逐帧播放。

1.2.3　分辨率和像素宽高比

像素比、分辨率和画面比(宽高比)的关系密切,比如有一部电影,得知分辨率为 640×360,画面宽高比例为 16∶9(正好是 640∶360),那么其像素比就是 1∶1。这就意味着,整个电影画面被分成 640×360 块,每一小块都是一个正方形像素。又比如常见的 VCD 规格的 MPG 或 DAT 文件的像素比是 12∶11,分辨率为 352×288,意思是说屏幕画面被分成 352×288 个小块,每个小块都是个长方形,宽是 12 份的话,高就是 11 份,暂且用 12α 和 11α 表示。下面计算一下最终的画面形状,也就是最终看到的屏幕效果。用单个像素的宽 12α 乘以画面横向像素数 352(分辨率中较大的那个数字),得 4224α;再用单个像素的高 11α 乘以画面纵向像素数 288(分辨率中较小的那个数字),得 3168α。最后用 4224α 和 3168α 相除,得出最后看到的画面宽度与长度的比例是 4224α∶3168α=4∶3。

总结:分辨率、像素比和画面比(宽高比)是不同的概念,分辨率是指视频画面横向和纵向被切分成多少块,就比如棋盘上有多少个格子;像素比是指每个格子是方的还是扁的,1∶1 就是正方的,4∶3 是有点扁的,16∶9 是很扁的;画面比(宽高比)是指不管棋盘被横向和纵向分成多少个格子,也不管每个格子是方是扁,直接用尺子去量这个棋盘的横边和竖边,横边长和竖边长相除的得数。

分辨率:不管是电视机屏幕还是计算机屏幕,都是由一个个的像素点组成的。在计算机上,每个像素点都是正方形的,但是在电视机上,像素点却是矩形的。横向的像素点数量×纵向的像素点数量就是这个屏幕的分辨率。比如 1024×768 就是指这个屏幕横向有 1024 个像素点,纵向有 768 个像素点,但是这里需要注意的是,虽然分辨率是有标准的,但是单个像素点的大小是没有标准的。举个例子,有的笔记本屏幕是 14 英寸(1 英寸=2.54 厘米)的,但是分辨率却比其他 15 英寸和 16 英寸的还要大。有的手机屏幕尺寸很小,但是分辨率却很大,所以分辨率只决定画面的精细程度(内容能被缩放到何种程度),并不能决定屏幕的大小,除非这个单个的像素点的大小是一定的。屏幕过小、分辨率过大的直接后果就是内容显示的非常小,字体甚至小到看不清楚,比如用 iPhone 的 Safari 在不缩放的情况下直接打开新浪首页。所以分辨率并不是越大越好,还要根据实际的屏幕尺寸来决定。

屏幕宽高比(画面宽高比)与像素宽高比有关。看到 1024×768,大家肯定首先就想到这个屏幕的宽高比是 4：3,但是实际情况可能并不是这样。这种情况只建立在像素点是正方形的前提下,也就是在计算机的显示器下确实是 4：3。正方形的宽高比是 1：1,所以 1024×1：768×1 还是 $4：3\approx1.33$。但是在电视机上,像素比不再是 1：1,比如 PAL 制式的电视像素比是 1.06,那么 1024×768 的实际宽高比在电视上就是 1024×1.06：$768\times1\approx1.41$。因为横向的每一个像素都被拉升了 1.06 倍,所以在电视上看就会觉得这个视频被横向拉升了,那么它的实际尺寸当然就不会是 4：3 了。

帧率:本质上视频就是一张一张快速播放的图片,由于肉眼的视觉暂留现象,人感到画面是连续的。所谓帧率,就是指每秒钟播放的图片数量,单位是帧/秒,符号是 fps,读作帧每秒。理论上帧率越高,画面越流畅,但是高于一定程度(通常为 120 fps)时,肉眼看不出区别。帧率越低,画面越不流畅,低于一定程度时(通常为 16 fps),将会有明显的停顿感,感觉像在看幻灯片。

一般在制作、压制用于计算机上的视频时(各种 ACG 的 MAD、PV 等),帧率选 30 fps 比较合适,并且无论选择什么样的帧率,都是可以正常播放的。但是在压制用于在电视机上播放的 DVD 时,必须遵从严格的标准,否则无法在电视机上播放,PAL 制式的帧率为 25 fps,NTSC 制式的为 29.97 fps。大家肯定会有疑问为什么 NTSC 是 29.97 fps,而不是 30 fps。这是为了让当年的黑白电视机可以兼容播放彩色电视信号才制定的标准。还有一种帧率是 23.976 fps。

总而言之,在压制视频时,如果视频仅用于计算机上,那么原则上源视频是什么帧率就用什么帧率,有硬性需求时也可以降低帧率,但是把帧率提高是没有任何意义的,而且可能会出现音、视频不同步现象。如果视频需要压制成 DVD 在电视机上播放时,那么无论源视频是什么样的帧率,都必须转成标准帧率,PAL 制式的为 25 fps,NTSC 制式的为 29.976 fps,否则是没办法播放的。这里需要注意的是,如果是通过计算机连接电视机,然后用播放器直接把视频输出到电视机上,那么跟用于计算机的视频一样,不需要遵从任何标准。

1.2.4　视频色彩系统

视频色彩系统是一种常用的表示颜色的方式。应用于计算机屏幕的视频色彩系统有 RGB 色彩系统、CMY 色彩系统、YIQ 色彩系统、YUV 色彩系统、YCb Cr 色彩系统等。

1.RGB 色彩系统

根据人眼的结构,所有颜色都可看成是三个基本颜色——红(R),绿(G),蓝(B)的不同组合。在实际中用的最多的是 RGB 色彩系统。计算机屏幕的显示通常用的是这种系统。它是通过颜色相加来产生其他颜色的。这种做法通常称为加色合成法。

2.CMY 色彩系统

CMY 色彩系统也是一种常用的表示颜色的方式。在印刷工业中通常使用这种色彩系统(一般所称的四色印刷 CMYK 则是加上黑色)。它是通过颜色相减来产生其他颜色的。这种做法称为减色合成法。

3.YIQ 色彩系统

YIQ 色彩系统通常被北美的电视系统所采用(属于 NTSC 系统)。在区分颜色时经常会用到三种基本特性量:亮度、色调和饱和度。亮度与物体的反射率成正比。对彩色来说,颜色中掺入白色越多就越亮。色调是与混合光谱中主要光波长相联系的。饱和度与一定色调的纯度有关。其中,色调和饱和度合起来称为色度。这里 Y 是指颜色的透明度,即亮度。其实 Y 就是图像的灰度值,而 I 和 Q 则是指色调,即描述图像色彩及饱和度的属性。

4. YUV 色彩系统

YUV 色彩系统被欧洲的电视系统所采用(属于 PAL 系统),其中 Y 和上面的 YIQ 色彩系统中的 Y 相同,都是指透明度。U 和 V 虽然也是指色调,但是和 I 与 Q 的表达方式不完全相同。

5. YCb Cr 色彩系统

YCb Cr 色彩系统也是一种常见的色彩系统,JPEG 采用的色彩系统正是该系统。它是从 YUV 色彩系统衍生出来的。其中 Y 还是指透明度,而 Cb 和 Cr 则是将 U 和 V 做少量调整而得到的。

1.2.5　视频压缩

影响视频文件大小的因素如下。

一是格式:AVI 的最大,是 WMV 的近 10 倍,是 MPEG 的 15 倍;最小的是 FLV 格式。基本的排序是 AVI、WMV、MPEG-2、VOB、MP4、MOV、MPEG、RMVB、RM、FLV。

二是分辨率:分辨率越大文件越大。

三是比特率:比特率越大文件越大。

然后就明白如何把 8G 的视频压缩成 3G 左右——就以上三个参数进行设置。建议用格式工厂进行处理。压缩成这么小,则视频的质量就会有较大的下降。这是必然的,因为视频的质量与视频文件的大小成正比。

1.3
景观设计视频应用基础理论

1.3.1　辅助景观设计

视频动态地展示设计方案,而且具有优美的音乐,可以很精确地控制汇报的时间,有效地展现设计的思路与成果。

1.3.2　中期汇报视频

中期汇报过程中,可以将汇报 PPT 制作成汇报视频文件,但是效果不佳。可以考虑委托专门的视频动画制作公司,可以将场地、本地文化特色、设计理念、设计方法、设计成果都融入中期汇报视频之中。

1.3.3　景观设计汇报高品质视频制作基础

需要使用无人机对场地的环境进行拍摄,作为项目简介的基础资料。同时需要对设计成果进行精细化建模,后期可以通过动画制作软件(如 Lumion)制作景观动画片段。

1.4
线性与非线性编辑

1.4.1　线性编辑

线性编辑是一种磁带的编辑方式。它是利用电子手段,根据节目内容的要求将素材连接成新的连续画面的技术。通常使用组合编辑将素材顺序编辑成新的连续画面,再以插入编辑的方式对某一段进行同样长度的替换。但要想删除、缩短、加长中间的某一段就不可能了,除非将那一段以后的画面抹去重录。这是电视节目的传统编辑方式。

线性编辑指的是一种需要按时间顺序从头至尾进行编辑的节目制作方式。它所依托的是以一维时间轴为基础的线性记录载体,如磁带编辑系统。素材在磁带上按时间顺序排列。这种编辑方式要求编辑人员首先编辑素材的第一个镜头,结尾的镜头最后编。它意味着编辑人员必须对一系列镜头的组接做出确切的判断,事先做好构思,因为一旦编辑完成,就不能轻易改变这些镜头的组接顺序。因为对编辑带的任何改动,都会直接影响记录在磁带上的信号的真实地址的重新安排,从改动点以后直至结尾的所有部分都将受到影响,需要重新编一次或者进行复制。

优点如下。

(1) 可以很好地保护原来的素材,能多次使用。

(2) 不损伤磁带,能发挥磁带能随意录、随意抹去的特点,降低制作成本。

(3) 能保持同步与控制信号的连续性,组接平稳,不会出现信号不连续、图像跳闪的感觉。

(4) 可以迅速而准确地找到最适当的编辑点,正式编辑前可预先检查,编辑后可立刻观看编辑效果,发现不妥可马上修改。

(5) 声音与图像可以做到完全吻合,还可各自分别进行修改。

缺点如下。

(1) 素材不可能做到随机存取。线性编辑系统以磁带为记录载体,节目信号按时间线性排列,在寻找素材时录像机需要进行卷带搜索,只能在一维的时间轴上按照镜头的顺序一段一段地搜索,不能跳跃进行。因此素材的选择很费时间,影响了编辑效率。另外,大量的搜索操作使得录像机的机械伺服系统和磁头的磨损也较大。

(2) 模拟信号经多次复制,信号严重衰减,声画质量降低。节目制作中一个重要的问题就是母带的翻版磨损。传统的编辑方式的实质是复制,是将源素材复制到另一盘磁带上的过程。而模拟视频信号在复制时存在着衰减问题,当进行编辑及多代复制时,特别是在一个复杂系统中进行时,信号在传输和编辑过程中容易受到外部干扰,导致损失,使图像的劣化更为明显。

(3) 线性编辑难以对半成品进行随意的插入或删除等操作。因为线性编辑方式是以磁带的线性记录为基础的,一般只能按编辑顺序记录,虽然插入编辑方式允许替换已录磁带上的声音或图像,但是这种替换实际上只能是替掉旧的,它要求要替换的片断和磁带上被替换的片断时间一致,而不能进行增删,就是说,不能改变节目的长度,这样对节目的修改就非常不方便。

(4) 所需设备较多,安装调试较为复杂。线性编辑系统连线复杂,有视频线、音频线、控制线、同步机等。构成复杂,可靠性相对降低,经常出现不匹配的现象。另外设备种类繁多,录像机(被用作录像机/放像机)、编辑控制器、特技发生器、时基校正器、字幕机和其他设备一起工作,由于这些设备各自起着特定的作用,各种设备性能参差不齐,指标各异,当它们连接在一起时,会对视频信号造成较大的衰减。另外,大量的设备同时使用,使得操作人员众多,操作过程复杂。

1.4.2 非线性编辑基础

非线性编辑于 20 世纪 90 年代中后期在我国广泛应用。它通过一块非线性编辑卡将视音频信号源(如电视机、摄像机、录像机等)输出的模拟信号通过处理转变成数字信号(视频文件)并存储于硬盘或光盘当中,再使用编辑软件进一步处理。因为数字化的硬盘、光盘记录信息的方式都是非线性的,非线性编辑又是基于文件的操作,所以在非线性系统内部,对视频文件进行编辑非常简单,完全是在指定的时间轴进行文件的编辑。只要没有最后生成影片输出或保存,对这些文件在时间轴上的位置和时间长度的修改都是随意的,不受到存储顺序的限制,故称之为非线性编辑。

非线性编辑的基础就是软件的应用。它又称为电子编辑,通常是指用电子手段按要求先用组合编辑,将拍摄的素材按顺序编成新的连续画面,然后用插入编辑对某一段进行同样长度的替换。

非线性的主要目标是提供对原素材任意部分的随机存取、修改和处理。它的真正推动力来自视频码率压缩。码率压缩技术的飞速发展使低码率下的图像质量有了很大的提高,推动了非线性编辑在专业视频领域中的应用。最初由于硬盘价格较高,因此使用了较高的压缩比,如 10∶1。为了使非线性编辑设备的输出图像质量和专业录像机的输出图像质量相匹配,使用的压缩比逐步下降,采用了 3∶1、2∶1,甚至不压缩的非编系统也有很多。根据实验结果,2~3∶1 的压缩比对所有应用都是透明无损的,压缩比为 4∶1 时仍看不出人工处理的痕迹,DV 格式或摄录机 5∶1 的压缩比也是可以接受的。除了压缩比降低外,另一个变化是逐步向直播设备发展,随着多个 CPU 的应用,离线编辑逐步发展为直播的在线编辑。综合高速下载技术、计算机网络技术、数字高速接口技术和硬盘阵列技术,非编的另一个发展趋势是向专用非编的方向发展,除了通用型后期节目制作用非编设备外,专用于广告、新闻的非线性编辑系统应运而生,在内容变化快、经常变更的新闻、广告播出中充分发挥了非线性编辑的优点,大大缩短了制作时间,提高了工作效率。

1.4.3 非线性编辑系统构成

非线性编辑卡又称视频卡,是非线性编辑系统的核心部件。一台普通微机加上视频卡和编辑软件就能构成一个基本的非线性编辑系统。视频卡的性能指标从根本上决定着非线性编辑系统的质量。许多视频卡已不再是单纯的视频处理器件。它们集视音频信号的实时采集、压缩、解压缩、回放于一体。一块视频卡就能完成视音频信号处理的全过程,具有很高的性能价格比。

早期的非线性编辑系统大多选择 MAC 平台。这是由于早先 MAC 与计算机相比,在交互和多媒体方面有着较大的优势,但是随着计算技术的不断发展,计算机的性能和市场上的优势反而越来越大。大部分新的非线性编辑系统厂家倾向于采用 Windows 操作系统。非线性编辑系统所用的硬盘不同于普通硬盘,它要求硬盘的速度较高,可高达 8 Mbps,且要求其容量较大。

相对飞速发展的计算机硬件来讲,软件的发展要缓慢得多。非线性编辑系统的软件平台也存在落后于硬件的局面。微软公司在 20 世纪 90 年代初为多媒体结构指定了 VFW。苹果机上也有一个类似的 QuickTime。这两种软件结构都缺乏对专业视频的支持,它们限制了 I/O 端口的数据流量和视频文件的大小,VFW 甚至不支持 Alpha 通道,无法描述两层画面之间的关系。当前使用的编辑和建模软件大多数是建立在这两种平台上的,如 Premiere 4.2T、3ds Max。用这些软件创作的运动物体边缘存在着抖动。为了解决这些问题,1994 年,Open DML 标准开始建立,增强了 AVI 文件的功能,使不同厂家的 Motion JPEG 文件可以互换,修改了 AVI 文件只有 2 GB 大小的限制,并把帧索引改为场索引。所有这些内容在 1995 年完成后并入 Quartz 多媒体标准中。Quartz 成为软件专业视频设计的初级规范。随后 Active Movie 取代了 Quartz 的地位,正式应用在 Windows 97 中。国产非线性编辑系统的软件结构就是从 Active Movie 平台起步设计的,比国外的编辑软件具有更先进的底层结构,而国外软件基本都是在 VFW 和 Quick Time 基础上编写的。这是国产非线性编辑系统的一大优势。

1996 年 8 月,一个更新的软件平台 Direct Show 测试版发布。它能支持更多的媒体数据类型,并增加了支持硬件的"软件端口",能直接检测板卡上是否具有实时的划像器、DVE 和混合器等硬件部件,并能直接对这些硬件进行操作。国内主流的非线性编辑系统例如大洋、索贝、极速非线性编辑系统先后转移到 Direct Show 平台上。

非线性编辑是相对线性编辑而言的,非线性编辑是直接从计算机的硬盘中以帧或文件的方式迅速、准确地存取素材,进行编辑的方式。它以计算机为平台,可以实现多种传统电视制作设备的功能。编辑时,素材的长短和顺序可以不按照制作的长短和顺序进行。对素材可以随意地改变顺序,随意地缩短或加长某一段。随着数字化技术的不断发展和在各个行业的广泛应用,在 20 世纪 90 年代中期,非线性编辑出现,并得到迅速发展。所谓非线性编辑,就是对视频素材不按照原来的顺序和长短,随意进行编排、剪辑,制作完成以后的节目可以任意改变其中某个段落的长度或者插入/删除其他段落。非线性编辑比线性编辑方便、高效,在数字技术越来越成熟、信息存储量几乎可以无限扩展的今天,非线性编辑在广播、电影、电视节目制作中的应用会越来越广泛。

非线性编辑中的"非线性"是从物理意义上描述数字硬盘信息存储的样式。文件在硬盘上可以按任意顺序访问,因此可以使用非线性编辑按想要的任何顺序对素材编排序列,在节目的任意点上进行更改,随时在序列的任何部分剪切、粘贴、添加和删除素材。非线性编辑时间线中的片段是指向源文件的指针,而不是实际的源文件本身。因此非编中的几乎所有工具和功能都是非破坏性的。例如,将一段素材添加到时间线并将它剪短后,被剪掉的部分并不会丢失,可以随时将此部分找回来。这是因为磁盘上的源媒体文件没有受到任何影响。即使删除整段素材,该素材也仍然存储在硬盘上,除非在非线性编辑中选择将该片段彻底删除。

非线性编辑的素材是以数字信号的形式存入计算机硬盘中的。采集的时候,一般用分量采入,或用 SDI 采入,信号基本上没有衰减。并且非线性编辑的素材采集采用的是数字压缩技术,采用不同的压缩比,可以得到相应不同质量的图像信号,即图像信号的质量是可以控制的。

回首线性编辑时代,完成一项工作,需要很多专业人员大力合作,装卸磁带,完成基于计算机的编辑控制、合成操作,以及在专门的制作空间里用特殊手段完成声音设计等。非线性编辑时代,所有的工作都可以在一部机器里由一个人完成,也就是说,只要有一台说得过去的计算机、一台家庭 DV 摄像机、一块视频卡,加上一点创意,当然还要掌握非线性编辑软件,就可以拍出一部自娱自乐的影片。

当然,非线性编辑的用处可不仅仅是自娱自乐。非线性编辑带给专业编辑人员的可能不仅是一个编辑工具,而且是一种工作方式和理念的根本改变。各个电台、电视台都在考虑或者已经将非线性编辑用于后期制作,以加速节目制作的数字化进程,这就意味着编辑人员要担负更多的责任,掌握更多的技术。如果一个专业编辑只能对素材运用基本剪辑技术进行剪切、修改,而不能提供实时特效、实时视频、动画图形、音频的多数据流,那么他们的职业生涯将面临新技术的威胁。

1.4.4　非线性视频采集流程

任何非线性编辑的工作流程,都可以简单地看成输入、编辑、输出这样三个步骤。当然由于不同软件功能的差异,其使用流程还可以进一步细化。先准备素材文件,依据具体的视频剧本以及提供或准备好的素材文件可以更好地组织视频编辑的流程。

(1) 素材采集与输入:采集就是将模拟视频、音频信号转换成数字信号存储到计算机中,或者将外部的数字音视频、无伴音的动画格式文件,以及各种格式的静态图像等存储到计算机中,成为可以处理的素材。电视节目中合成的综合节目就是通过对基本素材文件的操作编辑完成的。

(2) 进行素材的剪切。各种视频的原始素材片断都称为一个剪辑。在视频编辑时,可以选取一个剪辑中的一部分或全部作为有用素材导入最终要生成的视频序列中。剪辑的选择由切入点和切出点定义。切入点指在最终的视频序列中实际插入该段剪辑的首帧,切出点为末帧。也就是说,切入点和切出点之间的所有帧均为需要编辑的素材,使素材中的瑕疵降低到最少。

(3) 素材编辑:运用视频编辑软件中的各种剪切编辑功能进行各个片段的编辑剪切等操作,完成编辑的整体任务。目的是将画面的流程设计得更加通顺合理,时间表现形式更加流畅。

(4) 特技处理:包括转场、特效、合成叠加、过渡效果等。添加各种过渡特技效果,使画面的排列以及画面的效果更加符合人眼的观察规律,更完善,非线性编辑软件功能的强弱,往往也是体现在这个方面。

(5) 字幕制作。字幕是节目中非常重要的部分,在做电视节目、新闻或者采访的片段中,必须添加字幕,以更明确地表示画面的内容,使人物说话的内容更加清晰。

(6) 处理声音效果(原音、背景音乐、配音):在片段的下方进行声音的编辑(在声道线上),可以调节左右声道或者调节声音的高低、渐近、淡入淡出等效果。这项工作可以减轻编辑的负担,减少使用其他音频编辑软件的麻烦,并且制作效果相当不错。

(7) 输出与生成视频文件。对建造窗口中编排好的各种剪辑和过渡效果等进行最后生成结果的处理称编译,经过编译才能生成为一个最终视频文件。最后编译生成的视频文件可以自动地放置在一个剪辑窗口中进行控制播放。在这一步骤生成的视频文件不仅可以在编辑机上播放,而且可以在任何装有播放器的机器上操作观看。

(8) 视频文件拷贝、刻录。

1.5
影视创作基础理论

1.5.1　景观设计制作的基本流程

（1）准备素材文件：依据景观设计视频剧本以及提供或准备好的素材文件可以更好地组织视频编辑的流程。素材文件包括：通过视频卡采集的数字视频 AVI 文件，由 Adobe Premiere 或其他视频编辑软件生成的 AVI 和 MOV 文件、WAV 格式的音频数据文件、无伴音的动画 FLC 或 FLI 格式文件，以及各种格式的静态图像，如 BMP、JPG、PCX、TIF 等。电视节目中合成的综合节目就是通过对基本素材文件的操作编辑完成的。

（2）进行素材的剪切。各种视频的原始素材片断都称作为一个剪辑。在视频编辑时，可以选取一个剪辑中的一部分或全部作为有用素材导入最终要生成的视频序列中。剪辑的选择由切入点和切出点定义。切入点指在最终的视频序列中实际插入该段剪辑的首帧；切出点为末帧。也就是说切入点和切出点之间的所有帧均为需要编辑的素材，使素材中的瑕疵降低到最少。

（3）进行画面的粗略编辑：运用视频编辑软件中的各种剪切编辑功能进行各个片段的编辑、剪切等操作，完成编辑的整体任务。目的是将画面的流程设计得更加通顺合理，时间表现形式更加流畅。

（4）加特效：添加各种过渡特技效果，使画面的排列以及画面的效果更加符合人眼的观察规律，更进一步进行完善。

（5）添加字幕（文字）。在做电视节目、新闻或者采访的片段中，必须添加字幕，以更明确地表示画面的内容，使人物说话的内容更加清晰。

（6）处理声音效果：在片段的下方进行声音的编辑（在声道线上），可以调节左右声道或者调节声音的高低、渐近、淡入淡出等效果。这项工作可以减轻编辑者的负担，减少了使用其他音频编辑软件的麻烦，并且制作效果相当不错。

（7）生成视频文件。对建造窗口中编排好的各种剪辑和过渡效果等进行最后生成结果的处理称编译，经过编译才能生成为一个最终视频文件。最后编译生成的视频文件可以自动地放置在一个剪辑窗口中进行控制播放。在这一步骤生成的视频文件不仅可以在编辑机上播放，而且可以在任何装有播放器的机器上操作观看。生成的视频格式一般为.avi。

1.5.2　蒙太奇与影视剪辑

蒙太奇是音译的外来语，原为建筑学术语，意为构成、装配。它经常用于三种艺术领域，可解释为有内涵的、时空人为拼贴的剪辑手法。它最早被运用到电影艺术中，后来逐渐在视觉艺术等衍生领域被广为运用，包括室内设计和艺术涂料领域。蒙太奇在法语中是"剪接"的意思，但到了俄罗斯它被发展成一种电影中镜头组合的理论,在涂料、涂装行业蒙太奇也是独树一帜的艺术手法,具有自由式涂装的含义。

当不同镜头拼接在一起时,往往又会产生各个镜头单独存在时所不具有的特定含义。采用这种方法进行写作也称蒙太奇手法。在电影文学中,刘猛就是蒙太奇手法运用到文学中的代表。

影视剪辑如图1-2和图1-3所示。

图 1-2　影视剪辑(一)

图 1-3　影视剪辑(二)

1.5.3　组接镜头的基础知识

镜头组接就是将电影或者电视里面单独的画面有逻辑、有构思、有意识、有创意和有规律地连贯在一起。一部影片由许多镜头合乎逻辑地、有节奏地组接在一起,从而阐释或叙述了某件事情的发生和发展的过程。当然在电影和电视的组接过程当中还有很多专业的术语,如"电影蒙太奇手法",画面组接的一般规律有动接动、静接静、声画统一等。

1.5.4　镜头组接蒙太奇简介

在镜头组接过程中,最重要的是连续性。应注意下面三个方面的问题。

(1)关于动作的衔接。应注意流畅,不要让人感到有打结或跳跃的痕迹出现。因此,要选好剪接点,特别是导演在拍摄时要为后期的剪辑预留下剪接点,以利于后期制作。

(2)关于情绪的衔接。应注意把情绪镜头留足,可以把镜头尺数(时间)适当放长一些。有些以抒情见长的影片,其中不少表现情绪的镜头结尾处都留得比较长,既保持了画面内情绪的余韵,又给观众留下了品味情绪的余地和空间。

情绪既表现在人物的喜、怒、哀、乐的情绪世界里,也表现在景物的色调、光感以及其面貌上,所以情与景是为互为感应和相互影响的。古人云:"人有悲欢离合,月有阴晴圆缺",其内涵就是将情与景进行对比。因此,对情与景的镜头的组接,应给予充分的注意。要善于利用以景传情和以景衬情的镜头衔接的技巧。

(3)关于节奏的衔接。动作与节奏联系最为紧密。特别是在追逐场面、打斗场面、枪战场面中,节奏表现得最为突出。这类场面动作速度快,节奏也快,因而适合用短镜头。有时只用二三格连续交叉的剪接,即可获得一种让人眼花缭乱、目不暇接、速度快、节奏高的艺术效果,给人一种紧张热烈的感觉。

除动作富有强烈的节奏感之外,情绪镜头衔接中也有包含节奏,有时它来得像疾风骤雨,有时它又给人一种像小溪流水一样缓慢、舒畅的感觉。动画片《花木兰》中,总体节奏紧凑,在容易减缓情节的部分,如训练、行军、木兰心理描写等,纷纷都采用歌曲带过。在叙事部分,人为制造多处紧张情节,使全片保持快节奏,如木兰的奶奶闭目过街、木兰军中洗澡等。悬念插入是美式动画常用的手法,可以在紧张节奏处进一步制造高潮,或者将幽默因素加入到严肃段落中。如雪崩一节,士兵射出绳索却又没抓住,木兰随意射出绳索却被士兵抓住的悬念制造。

许多镜头能使观众从影片中看出它们融合为一个完整的统一体,那是因为镜头的发展和变化服从一定的规律。

镜头的组接首先要考虑观众的思想方式和影视表现规律,符合生活的逻辑、思维的逻辑,若不符合逻辑观众就看不懂。要明确表达出影片的主题与中心思想,在这个基础上才能根据观众的心理要求,即思维逻辑来决定选用哪些镜头,怎样将它们组合在一起。

景别的变化要采用"循序渐进"的方法。一般来说,拍摄一个场面的时候,"景"的发展不宜过分剧烈,否则就不容易连接起来。相反,"景"的变化不大,同时拍摄角度变换亦不大,拍出的镜头也不容易组接。

由于以上原因,在拍摄的时候,"景"的发展变化需要采取循序渐进的方法。循序渐进地变换不同视觉距离的镜头,可以顺畅地连接,形成各种蒙太奇句型。

1.5.5 声画组接蒙太奇简介

影视艺术是声画艺术的结合物,离开两者之中的任一个都不能称为现代影视艺术了。在声音元素里,包括影视的语言因素。在影视艺术中,对语言的要求是不同于其他艺术形式的,有特殊的要求和规则。

影视语言有着其特殊的规律。它不同于小说散文,也不同于广播语言。影视语言是按照影视广播的特殊要求灵活运用的,不需要完全遵守作文的"章法",其作用和特点归纳为以下几个方面。

语言的连贯性,声画和谐。在影视节目中,如果把语言分解开来,往往不像一篇完整的文章,语言断续,跳跃性大,段落之间也不一定有着严密的逻辑性。但如果将语言与画面相配合,就可以看出节目整体的不可分割性和严密的逻辑性。这种逻辑性表现在语言和画面不是简单的相加,也不是简单的合成,而是互相渗透,互相溶解,相辅相成,相得益彰。在声画组合中,有些时候是以画面为主,说明画面的抽象内涵。有时是以声音为主,画面只是作为形象的提示。根据以上分析,影视语言有这些特点和作用:深化主题,将形象的画面用语言表达出来。语言可以抽象概括画面,将具体的画面表现为抽象的概念;语言可以表现不同人物的性格和心态;语言可以衔接画面,使镜头过渡流畅;语言可以将一些不必要的画面省略掉。

语言的口语化、通俗化。影视节目面对的观众是多层次的,除了特定的一些影片外,都应该使用通俗语言。

所谓通俗语言,就是指影片中使用的口头语言。如果语言不通俗,费解、难懂,会让观众在观看中分心。这种听觉上的障碍会妨碍到视觉功能,也就会影响到观众对画面的感受和理解,当然也就不能收到良好的视听觉效果。

语言简练概括影视艺术是以画面为基础的。所以,影视语言必须简明扼要,点明即止。省下的时间空间都要用画面来表达,让观众在有限的时空里展开遐想,自由想象。解说词与画面同步,或者充满节目,使观众的听觉和视觉都处于紧张的状态,顾此失彼。这样就会对听觉起干扰和掩蔽作用。

语言准确、贴切。由于影视画是展示在观众眼前的,任何细节对观众来说都是一览无余的,因此对影视语言的要求是相当精确的。每句台词,都必须经得起考验。在视听画面的影视节目前,观众既看清画面,又听见声音效果,若有差别,观众是能够发现的。

第2章

初识Premiere Pro CC

CHUSHI Premiere Pro CC

Premiere Pro CC 基本介绍可扫描下面的二维码了解。

2.1
Premiere Pro 简介

2.1.1 Premiere Pro 版本介绍

Premiere Pro CC 是 Adobe 公司于 2013 年推出的 Premiere 的最新版本。

图 2-1 Premiere Pro CC

2017 版 Premiere Pro CC(2016 年 11 月推出,见图 2-1)新增了大量功能。使用团队项目(测试版)能有效进行协作。这是一项托管服务,可让编辑人员和运动图形艺术家在 Premiere Pro CC、After Effects CC 和 Prelude CC 内的项目中共同协作,允许对单个项目进行无缝更改。自定义文本、位置、背景和字体颜色,并使用新的"边缘颜色"功能确保在任何背景上轻松阅读开放字幕。借助 Lumetri Color 工具集增强功能,实现创造性。当使用 HSL Secondary 和白平衡时,新拾色器可直接在视频上立即做出直观的选择。新增 VR 支持在强大的虚拟现实功能上加以扩展,现在可提供 VR 媒体自动检测和元数据选项等功能。界面如图 2-2 所示。

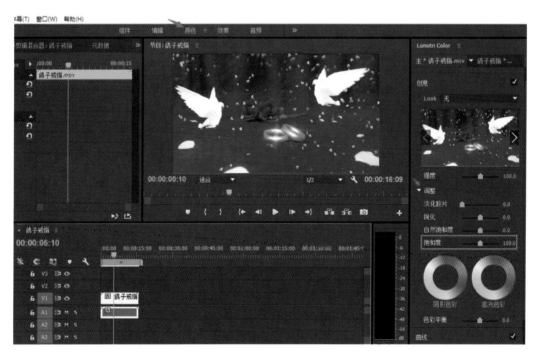

图 2-2 界面

2.1.2　Premiere Pro 常用功能

1.素材的组织与管理

在视频素材处理的前期,首要的任务就是将收集的素材引入项目窗口,以便统一管理。实现的方法是:执行菜单"File"的子菜单"New"下的"Project"命令,进行设置后,单击"OK"按钮。此时便完成了新项目窗口的创建。通过执行菜单"File"的"Import File"命令,可对所需的素材文件进行选择,然后单击"OK"按钮即可。重复执行逐个将所需素材引入后,就完成了编辑前的准备工作。

2.素材的剪辑处理

执行 Window/Timeline 命令,打开时间线窗口,将项目窗口中的相应素材拖到相应的轨道上。如将引入的素材相互衔接地放在同一轨道上,达到了将素材拼接在一起的播放效果。若需对素材进行剪切,可使用剃刀图标工具在需要割断的位置单击鼠标,则素材被割断。然后选取不同的部分按 Delete 键予以删除即可。同样允许对素材进行复制,形成重复的播放效果。

3.折叠过渡效果

在两个片段的衔接部分,往往采用过渡的方式来衔接,而非直接地将两个片段生硬地拼接在一起。Premiere 提供了 75 种特殊过渡效果。通过过渡窗口可见到这些丰富多彩的过渡样式。

4.折叠滤镜效果

Premiere 同 Photoshop 一样支持滤镜的使用。Premiere 共提供了近 80 种滤镜效果,可对图像进行变形、模糊、平滑、曝光、纹理化等处理。此外,还可以使用第三方提供的滤镜插件,如好莱坞的 FX 软件等。

滤镜的用法:在时间线窗口选择好待处理的素材,然后执行"Clip"菜单下的"Filters"命令。在弹出的滤镜对话窗口中选取所需的滤镜效果,单击"Add"按钮即可。如果双击左窗口中的滤镜,可对所选滤镜进行参数的设置和调整。

5.折叠叠加叠印

在 Premiere 中可以把一个素材置于另一个素材之上来播放。这样一些方法的组合称为叠加叠印处理,所得到的素材称为叠加叠印素材。叠加的素材是透明的,允许将其下面的素材透射过来放映。

6.折叠作品输出

在作品制作完成后期,需借助 Premiere 的输出功能将作品合成在一起。当素材编辑完成后,执行菜单"File"的子菜单"Export"的"Movie"命令可以对输出的规格进行设置。指定好文件类型后,单击"OK"按钮,即会自动编译成指定的影视文件。

2.1.3　Premiere Pro 常用插件

人像磨皮插件 Beauty Box 如图 2-3 所示。

这款插件兼容 PR 和 AE,而且操作起来相当简单,简直一键美颜。安装成功后,插件名称自动显示在"效果"面板下的"视频效果"菜单里,只要直接拖动选项到视频素材即可,也可以在"效果控件"中通过设置详细参数来调节美颜的程度和区域。

图 2-3　人像磨皮插件 Beauty Box

美颜前如图 2-4 所示。

美颜后如图 2-5 所示。

图 2-4　美颜前

图 2-5　美颜后

视频稳定防抖插件 ProDAD Mercalli 如图 2-6 所示。

这款插件的使用效果也是非常明显的,在前期拍摄中,难免因为设备限制和操作不当引起视频素材的抖动,使用这款插件可以进行抖动矫正,弥补前期拍摄的失误和不足。需要提醒的是,"稳"是一个高质量影像作品最基本的前提,为了减少不必要的失误,还是练好基本功,带好三脚架。

鱼眼广角镜头畸变矫正插件 RE-Lens 如图 2-7 所示。

图 2-6　视频稳定防抖插件 ProDAD Mercalli

图 2-7　鱼眼广角镜头畸变矫正插件 RE-Lens

为了一些特殊的镜头效果,前期拍摄中经常会使用到广角镜头和鱼眼镜头,但是部分广角镜头难免会造成一定程度的畸变,比如靠近镜头的建筑物的边缘形成弯曲,以 Samyang 12 mm 的电影镜头来说,未矫正之前的畸变非常严重,使用 RE-Lens,即可矫正畸变。

矫正前如图 2-8 所示。

矫正后如图 2-9 所示。

图 2-8　矫正前

图 2-9　矫正后

降噪插件 Neat Video 如图 2-10 所示。

很多时候受制于相机的感光度,在低光照环境下拍摄出来的素材难免产生较多的噪点。除非为了特殊的艺术效果,否则这样的噪点是影像创作者不愿意看到的,为了在后期中弥补前期设备的局限,推荐使用 Neat Video。

慢动作变速插件 Twixtor 如图 2-11 所示。

图 2-10　降噪插件 Neat Video

图 2-11　慢动作变速插件 Twixtor

MV 和广告中优美的慢动作镜头效果很好。为了达到这样的慢动作效果,必须使用能够进行"升格"拍摄的摄像机(目前一些高端旗舰相机能进行升格拍摄,如松下 GH4、GH5)。后期把素材的速度放慢容易出现素材卡顿的现象。这是正常拍摄的视频素材,每秒有 24～30 帧的画面,而真正的"升格"拍摄是每秒拍摄几倍于 24～30 帧的画面。那么以正常速度播放时,画面形成流畅的慢动作,而后期"减速"的慢动作只能把原来每秒 24～30 帧的中的每一张画面都延时播放,所以会形成视觉上的卡顿。而 Twixtor 插件可以解决卡顿现象,让画面看起来像是"升格"拍摄的效果。但使用这款插件对前期素材的要求比较高,运动的主题与背景距离较远,且背景简单不复杂,使用起来效果才好。最新款的 iPhone 已经能拍摄 1080 P/120 fps 的慢动作视频,但是受制于其他画质影响因素,iPhone 慢动作视频仍然不能和高端摄影机相比。

2.2
Premiere Pro CC 概述

2.2.1　Premiere Pro CC 系统要求

Microsoft Windows 7 Service Pack 1(64 位)、Windows 8(64 位)或 Windows 10(64 位)。

内存,8 GB RAM(建议 16 GB)。8 GB 可用硬盘空间用于安装。安装过程中需要额外可用空间(无法安装在可移动闪存设备上)。

1.1280×800 显示器

ASIO 协议或 Microsoft Windows Driver Model 兼容声卡。

可选 Adobe 公司推荐的 GPU 卡实现 GPU 加速性能。

2.Mac OS

带有 64 位支持的多核 Intel 处理器。

Mac OS X V10.10、V10.11 或 V10.12。

8 GB RAM(建议 16 GB)。8 GB 可用硬盘空间用于安装。安装过程中需要额外可用空间(无法安装在使用区分大小写的文件系统的卷上或可移动闪存设备上)。

3.1280×800 显示器

可选 Adobe 公司推荐的 GPU 卡实现 GPU 加速性能。

4.语言版本

Adobe Premiere Pro CC 可提供以下语言版本:Deutsch、English、Español、Français、Italiano、Português(Brasil)、Русский、日本語、한국어。

2.2.2　Premiere Pro CC 的工作界面

左上方的窗口是项目窗口,如果要导入素材,双击项目窗口空白处可以添加素材。

紧挨着项目窗口是媒体浏览窗口,可以直接在这个窗口直接拖动素材到项目窗口来添加素材。

项目窗口旁边的是源素材窗口,双击素材之后可以在右边的源素材窗口预览素材。

源素材窗口右边的就是项目工程文件预览窗口,在编辑视频的时候可以在预览窗口里面看到效果,除此之外在下方还看到工具。这些都是非常有用的。

预览窗口(见图 2-12)下方就是常用的轨道编辑。视频的剪辑和特效的添加都是在这个窗口实现的。

视频编辑轨道左边是效果选项和特效控制器。效果选项这个窗口里面有视频转场、视频滤镜和音频滤镜,特效控制器能够对转场和滤镜进行进一步的调整,从而达到想要的效果。通过对工作界面的介绍,可以对这个软件有初步的了解,为后期编辑打下坚实的基础。

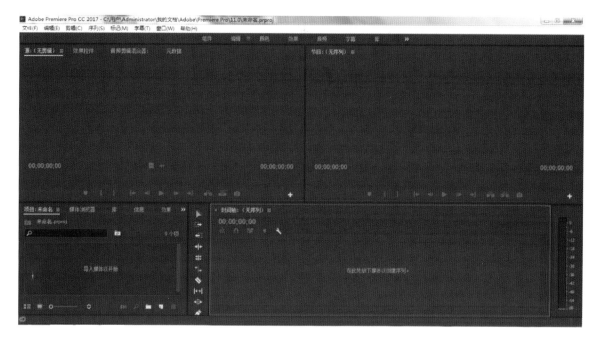

图 2-12　预览窗口

2.2.3　Premiere Pro CC 新增功能

1. 调色功能

Premiere Pro CC 2016 采用的是 Premiere Pro CC 2015 的独立调色界面,对时间线上的任何一段素材都可以快速调色。但在此基础上有做了提升,主要是以下两个方面。

白平衡调色功能:在快速调色中集成这个功能,可以更简单地对画面的偏色情况进行校正。

二次调色:Adobe 公司的传统功能,PR、AE 都有。Premiere Pro CC 2016 把二次调色也集成到了简单调色中,可以对画面中局部色调进行调整。

2. 素材代理功能(Proxy)

随着视频分辨率的提高,4K、5K 逐渐被应用。大分辨率意味着大量的数据,所以剪辑 4K、5K 素材对计算机硬件来说很有压力。Premiere Pro CC 2016 增加了素材代理功能,让 4K 剪辑变得更简单。

3. VR 视频(VR Video)

在 VR 视频(见图 2-13)已经推出的情况下,剪辑软件的 VR 制作功能就很重要了。

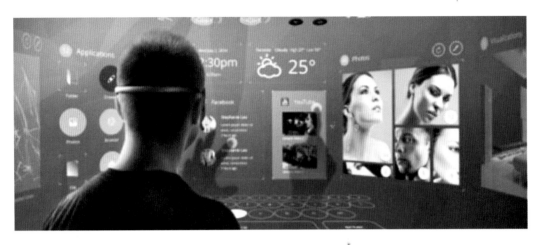

图 2-13　VR 视频

2.3
Premiere Pro CC 常用面板

2.3.1　"项目"面板

项目窗口主要用于导入、存放和管理素材。编辑影片所用的全部素材应事先存放于项目窗口里,然后调出使用。项目窗口的素材可以用列表和图标两种视图方式来显示,包括素材的缩略图、名称、格式、出入点等信息,也可以为素材分类、重命名或新建一些类型的素材。由于所有的素材都存放在项目窗口里,用户可以随时查看和调用项目窗口中的所有文件(素材)。在项目窗口双击某一素材可以打开素材监视器窗口。

项目窗口按照不同的功能可以分为几个功能区。

1.预览区

项目窗口的上部分是预览区。在素材区单击某一素材文件,就会在预览区显示该素材的缩略图和相关的文字信息。对影片、视频素材,选中后按下预览区左侧的"播放/停止切换"按钮,可以预览该素材的内容。当播放到该素材有代表性的画面时,按下播放按钮上方的"标识帧"按钮,便可将该画面作为该素材缩略图,便于用户识别和查找。

此外,还有"查找"和"入口"两个用于查找素材区中某一素材的工具。

2.素材区

素材区位于项目窗口中间部分,主要用于排列当前编辑的项目文件中的所有素材,可以显示包括素材类别图标、素材名称、素材格式在内的相关信息。默认显示方式是列表方式,如果单击项目窗口下部的工具条中的"图标视图"按钮,素材将以缩略图方式显示;再单击工具条中的"列表视图"按钮,素材以列表方式显示。

3. 工具条

位于项目窗口最下方的工具条提供了一些常用的功能按钮,如素材区的"列表视图"和"图标视图"显示方式图标按钮,还有"自动匹配到序列⋯"、"查找⋯"、"新建文件夹"、"新建分项"和"清除"等图标按钮。单击"新建分项"图标按钮,会弹出快捷菜单,用户可以在素材区中快速新建如"序列"、"脱机文件"、"字幕"、"彩条"、"黑场"、"彩色蒙版"、"通用倒计时片头"、"透明视频"等类型的素材。

4. 下拉菜单

单击项目窗口右上角的小三角(▼)按钮,会弹出快捷菜单。该菜单命令主要用于对项目窗口素材进行管理,其中包括工具条中相关按钮的功能。下拉菜单如图 2-14 所示。

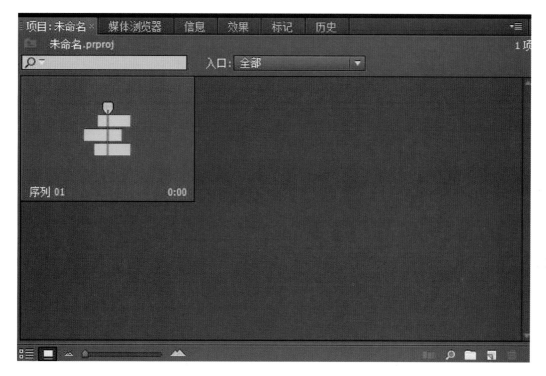

图 2-14　下拉菜单

2.3.2 "时间轴"面板

监视器窗口分左右两个视窗(监视器)。左边是"素材源"监视器,主要用来预览或剪裁项目窗口中选中的某一原始素材。右边是"节目"监视器,主要用来预览时间线窗口序列中已经编辑的素材(影片),也是最终输出视频效果的预览窗口。

1. 时间显示区

时间显示区域是时间线窗口工作的基准,承担着指示时间的任务。它包括时间标尺、时间编辑线滑块及工作区域。左上方的时间码显示的是时间编辑线滑块所处的位置。单击时间码,可以输入时间,使时间编辑线滑块自动停到指定的时间位置。也可以在时间栏中按住鼠标左键并水平拖动鼠标来改变时间,确定时间编辑线滑块的位置。

时间码下方有"吸附"图标按钮(默认被激活),在时间线窗口轨道中移动素材片段的时候,可使素材片段边缘自动吸引对齐。此外还有"设置Encore章节标记"和"设置未编号标记"图标按钮。

时间标尺用于显示序列的时间,其时间单位以项目设置中的时基设置(一般为时间码)为准。时间标尺上的编辑线用于定义序列的时间,拖动时间线滑块可以在"节目"监视器窗口中浏览影片内容。时间标尺上方的标尺缩放条工具和窗口下方的缩放滑块工具效果相同,都可以控制标尺精度,改变时间单位。标尺下是工作区控制条,它确定了序列的工作区域,在预演和渲染影片的时候,一般都要指定工作区域,控制影片输出范围。

2.轨道区

轨道是用来放置和编辑视频、音频素材的地方。用户可以对现有的轨道进行添加和删除操作,还可以将它们任意地锁定、隐藏、扩展和收缩。

在轨道的左侧是轨道控制面板,里面的按钮可以对轨道进行相关的控制设置。它们是"切换轨道输出"按钮、"切换同步锁定"按钮、"设置显示样式(及下拉菜单)"、"显示关键帧(及下拉菜单)"选择按钮,还有"到前一关键帧"和"到后一关键帧"按钮。轨道区右侧上半部分是3条视频轨,下半部分是3条音频轨。在轨道上可以放置视频、音频等素材片段。在轨道的空白处单击右键,弹出的菜单中可以选择"添加轨道..."、"删除轨道..."命令来实现轨道的增减。

时间线窗口是以轨道的方式实施视频音频组接编辑素材的阵地,用户的编辑工作都需要在时间线窗口中完成。素材片段按照播放时间的先后顺序及合成的先后层顺序在时间线上从左至右、由上及下排列在各自的轨道上,可以使用各种编辑工具对这些素材进行编辑操作。时间线窗口分为上下两个区域,上方为时间显示区,下方为轨道区(见图2-15)。

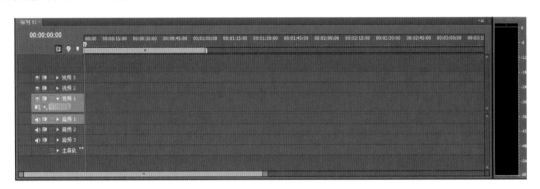

图2-15　轨道区

2.3.3　"源监视器"面板

1.素材源监视器

素材源监视器的上部分是素材名称。按下右上角的三角按钮,会弹出快捷菜单,它包括关于素材窗口的所有设置,可以根据项目的不同要求以及编辑的需求对素材源窗口进行模式选择。

中间部分是监视器。可以在项目窗口或时间线窗口中双击某个素材,也可以将项目窗口中的某个视窗直接拖至素材源监视器中将它打开。监视器的下方分别是素材时间编辑滑块位置时间码、窗口比例选择、素材总长度时间码显示。下边是时间标尺、时间标尺缩放器及时间编辑滑块。

下部分是素材源监视器的控制器及功能按钮。其左边有"设置入点"({)、"设置出点"(})、"设置未编号标记"、"跳转到入点"({←)、"跳到转出点"(→})、"播放入点到出点"({　})按钮。右边有"循环"、"安全框"、"输出"(包括下拉菜单)、"插入"、"覆盖"按钮。中间有"跳转到前一标记"、"步退"、"播放(或停止)"、"步进"、"跳转到下一标记"按钮,还有"飞梭"(快速搜索)和"微调"工具。

2. 节目监视器

节目监视器(见图2-16)很多地方与素材监视器相类似或相近。节目监视器控制器用来预览时间线窗口选中的序列,为其设置标记或指定入点和出点以确定添加或删除的部分帧。右下方还有"提升"、"提取"按钮,用来删除序列选中的部分内容,而修整监视器用来调整序列中编辑点位置。

图 2-16　节目监视器

2.3.4　"工具"面板

工具箱(见图2-17和图2-18)是视频与音频编辑工作的重要编辑工具,可以完成许多特殊编辑操作。除了默认的"选择工具"外,还有"轨道选择工具"、"波纹编辑工具"、"滚动编辑工具"、"速率伸缩工具"、"剃刀工具"、"错落工具"、"滑动工具"、"钢笔工具"、"手形把握工具"和"缩放工具"。

文件(F) 编辑(E) 项目(P) 素材(C) 序列(S) 标记(M) 字幕(T) 窗口(W) 帮助(H)

源:(无素材)　特效控制台　调音台:序列01　元数据　　　　　　　　　　　　　　　节目:序列01

图 2-17　工具箱(一)

2.3.5　"效果"与"效果控件"面板

效果面板里存放了 Premiere Pro CS6 自带的各种音频、视频特效和视频切换效果,以及预置的效果。用户可以方便地为时间线窗口中的各种素材片段添加特效。按照特殊效果类别分为五个文件夹,而每一大类又细分为很多小类。如果用户安装了第三方特效插件,也会出现在该面板相应类别的文件夹下。

图 2-18　工具箱(二)

1.特效控制台面板

当为某一段素材添加了音频、视频特效之后,还需要在特效控制台面板中进行相应的参数设置和添加关键帧。制作画面的运动或透明度效果也需要在这里进行设置。

2.调音台面板

调音台面板(见图 2-19)主要用于完成对音频素材的各种加工和处理工作,如混合音频轨道、调整各声道音量平衡或录音等。

图 2-19　调音台面板

2.4
自定义工作空间

2.4.1　配置工作环境

新建工作区如图 2-20 所示。

图 2-20　新建工作区

2.4.2　设置快捷键

部分常见操作快捷键如下。

录制 : G＋

停止 : S＋

快速进带 : F＋＊

倒带 : R＋

定点在第一个操作区 : Esc＋＊

定点在下一个操作区 : Tab＋＊

＊ 表示仅仅在捕获时有设备控制的时候使用。

在 Movie Capture 和 Stop Motion 视窗中使用下面的快捷键。

操作快捷键如下。

录制 : G＋

停止设备 (当有设备进行捕获时候) : S＋

捕获 1 到 9 帧 : Alt＋数字 (从 1 到 9)＋

捕获十帧画面 : 0＋

删除上一次捕获到的所有帧 : Delete＋

在时间视窗中使用的快捷键。

操作快捷键如下。

设定时间线的区域拖动放缩工具。

显示整个节目通过肖像尺寸进行循环：Ctrl+[Or]。

通过轨道格式循环：Ctrl+Shift+[Or]。

将编辑线定位在时间标尺的零点处：Home。

定点在下一个操作区：双击该操作区。

在项目、箱、素材库或者时间线视窗中使用。

键盘快捷键如图 2-21 所示。

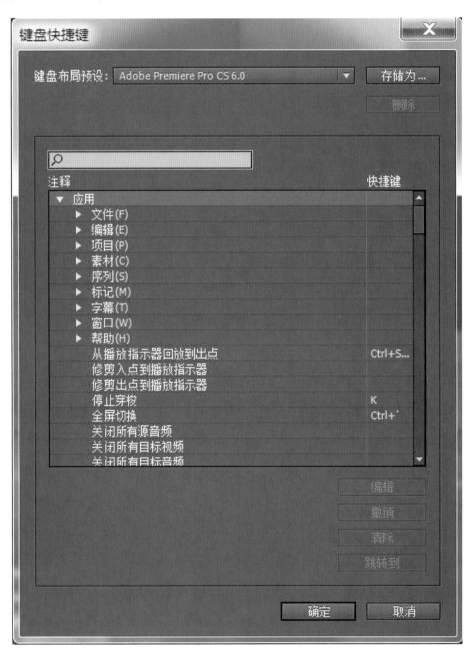

图 2-21 键盘快捷键

2.5

设置 Premiere Pro CC 首选项

2.5.1 "常规"首选项

"常规"首选项如图 2-22 所示。

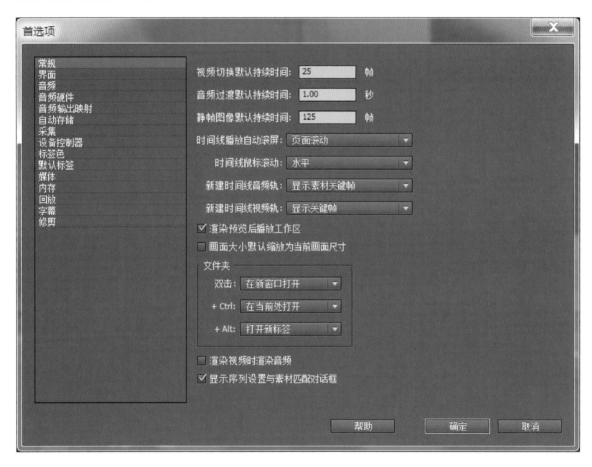

图 2-22 "常规"首选项

2.5.2 "外观"首选项

"外观"首选项如图 2-23 所示。

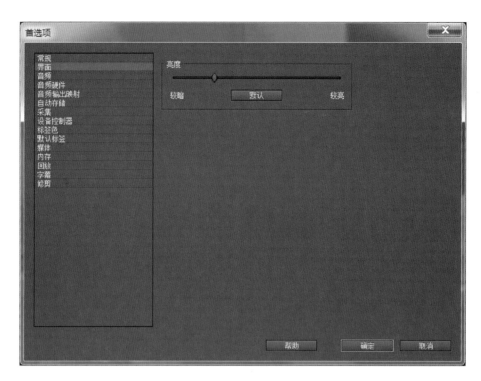

图 2-23 "外观"首选项

2.5.3 "音频"首选项

"音频"首选项如图 2-24 所示。

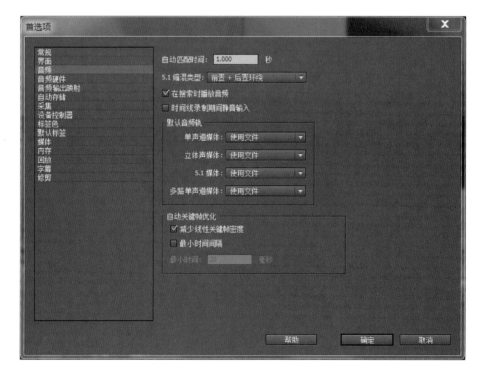

图 2-24 "音频"首选项

2.5.4 "自动保存"首选项

"自动保存"首选项如图 2-25 所示。

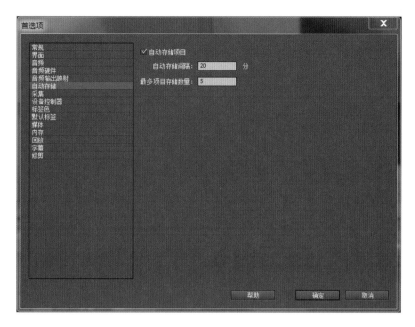

图 2-25 "自动保存"首选项

2.5.5 "捕捉"首选项

"捕捉"首选项如图 2-26 所示。

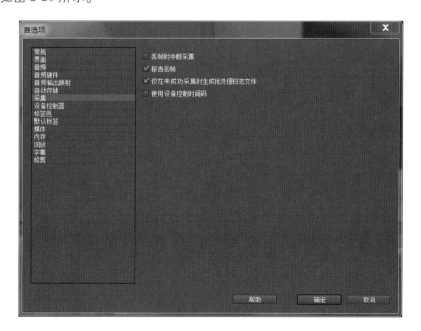

图 2-26 "捕捉"首选项

2.5.6 "媒体"首选项

"媒体"首选项如图 2-27 所示。

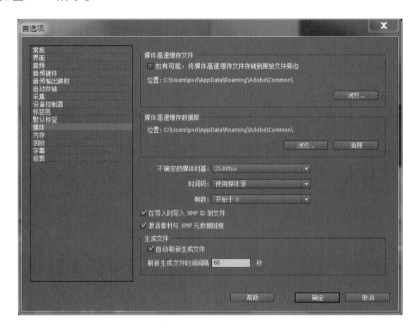

图 2-27 "媒体"首选项

2.5.7 "同步设置"首选项

"同步设置"首选项如图 2-28 所示。

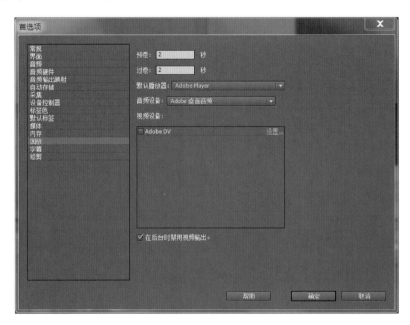

图 2-28 "同步设置"首选项

2.5.8 其他首选项

其他首选项如图 2-29 和图 2-30 所示。

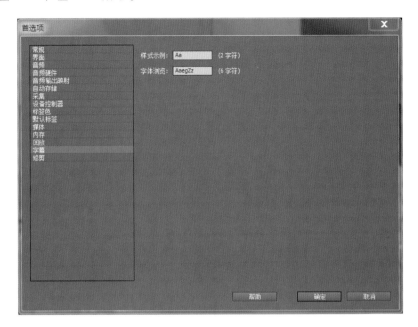

图 2-29 其他首选项(一)

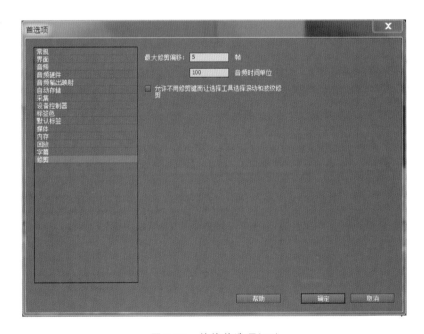

图 2-30 其他首选项(二)

第3章

创建与管理项目

CHUANGJIAN YU GUANLI XIANGMU

素材的导入与运用可扫描下面的二维码了解。

3.1
创建项目

3.1.1 新建项目

新建项目如图 3-1 所示。

图 3-1 新建项目

3.1.2 设置项目信息

设置项目信息如图 3-2 所示。

3.1.3 新建序列

新建序列如图 3-3 所示。

图 3-2 设置项目信息

图 3-3 新建序列

3.2
打开与保存项目

3.2.1 打开项目

打开项目如图 3-4 所示。

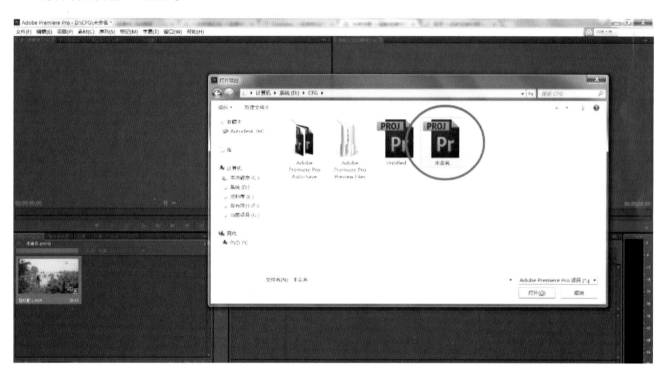

图 3-4 打开项目

3.2.2 保存项目

保存项目如图 3-5 所示。

图 3-5　保存项目

3.3

导入与查看素材

3.3.1　导入素材

导入素材如图 3-6 所示。

图 3-6　导入素材

3.3.2 查看素材

查看素材如图 3-7 所示。

图 3-7　查看素材

3.4
采集素材

3.4.1 采集视频素材

捕获视频是数码视频制作的一个重要步骤。它是编辑制作视频影片的前提。用 IEEE 1394 连接线连接摄像机与视频卡。打开摄像机,将它设成播放模式。运行"Studio DV",软件打开后是编辑界面,单击"采集"按钮就可以打开采集界面。它由三部分组成。左上角的相册是所采集的视频文件的缩略图。右上角的播放器是视频的回放窗口。可以通过它来实时看到所采集的视频内容和进度,并且它标有已采集的时间和丢帧数。

3.4.2 采集音频素材

声音素材的采集与制作是整个多媒体作品设计中的一个重要组成部分,相对文本、图片、动画素材来说,声音素材是作品制作中不可或缺的部分。

3.5

练习:制作景观设计图片图集

导入景观图片素材,把图片拖曳到视频轨道上,如图3-8所示。

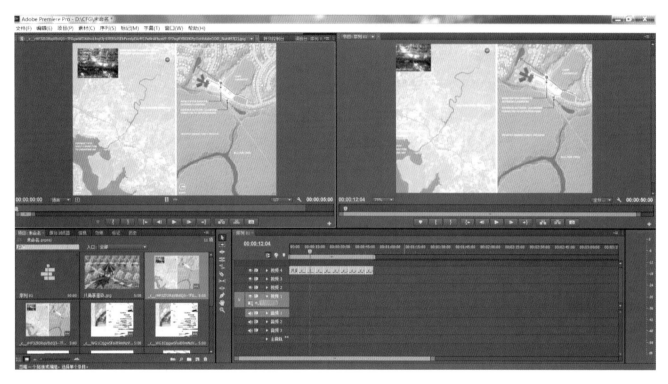

图 3-8 导入景观图片素材

3.6

练习:制作建成风景区视频

按照一定的规则排列风景区的图片与视频素材,配置好相应的音频,如图3-9所示。

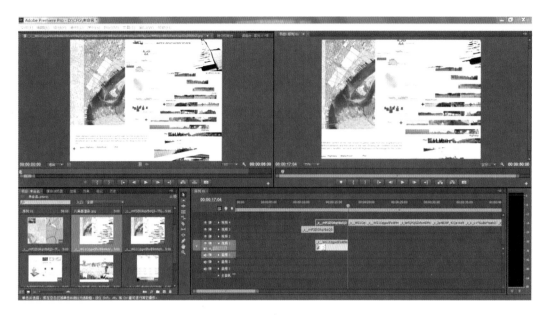

图 3-9　排列风景区的图片与视频素材,配置音频

3.7

练习:拼接合成视频

把不同的视频组合在音频轨道上,中间不留空隙,可以完成对应的视频拼接,如图 3-10 所示。

图 3-10　拼接合成视频

第4章

素材管理

SUCAI GUANLI

素材管理可扫描下面的二维码了解。

4.1

显示及查找素材

显示及查找素材如图 4-1 所示。

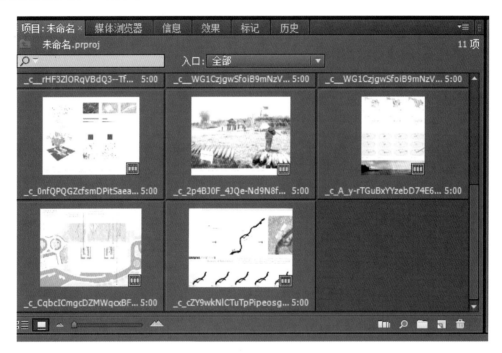

图 4-1　显示及查找素材

4.1.1　自动匹配序列

自动匹配序列如图 4-2 所示。

图 4-2　自动匹配序列

4.1.2　查找素材

选择需要查找的素材,单击属性,可以弹出素材位置的信息。查找素材如图4-3所示。

图 4-3　查找素材

4.2
组织素材

4.2.1　归类素材

由于 Premiere 可以识别的视频编码格式是有限的,如果想导入素材,就需要用转换工具将素材转换为 Premiere 所识别的素材类型。第一次使用的时候,要先建一个项目,然后导入素材并进行编辑。编辑完后,保存项目。下次启动 Adobe Premiere 的时候,就可以打开上次保存的项目了。项目是后缀为.proj 的文件,而素材是一些视频文件。

4.2.2　编辑素材

Premiere 所支持的静态图片主要包括 JPEG、PSD、BMP、GIF、TIFF、EPS、PCX 和 AI 等类型的文件,所支持的视频格式文件主要包括 AVI、MPEG、MOV、DV-AVI、WMA、WMV 和 ASF 等,所支持的动画和序列图片主要包括 AI、PSD、GIF、FLI、FLC、TIP、TGA、FLM、BMP、PIC 等文件格式,所支持的音频文件格式有 MP3、WAV、AIF、SDI 和 Quick Time。

4.3
管理元数据

4.3.1　编辑元数据

Premiere 具有高度直观的编辑工具编辑系统,可以采用习惯的编辑方式。它具有高度直观的用户界面,具有易于使用的工具,让使用键盘驱动的工作流编辑更加精确,具有自定义的项目面板,可在"项目"面板和媒体浏览器直接播放剪辑,可定制 NLE 的快捷方式。

4.3.2　设置显示内容

双屏幕显示具备双显示的显卡或者使用两张独立显卡。将两台显示器都连接上计算机后,默认情况下是"扩展显示"的功能。所谓扩展显示,就是将显示画面扩大到两个显示器的范围,例如一台分辨率为 1440×900 与一台分辨率为 1280×1024 的机器,扩展显示后总分辨率就是 1440×900＋1280×1024。如果采用"复制显示"的方法,这两台显示器采用均能使用的显示分辨率进行显示。例如,此时机器上两个显示器均支持的显示为 1280×800,而且,两个显示器显示的内容完全相同。如果使用"只在 1 号显示器显示桌面",则另外一台显示器是不会起作用的。可以自由选择两台显示器中任意一台作为显示器。

4.3.3　自定义元数据

自定义元数据(见图 4-4)指通过软件制作的景观设计动画或者拍摄的实景动画,都可以作为元数据。

图 4-4　自定义元数据

4.4

创建素材

4.4.1　创建颜色素材

创建颜色素材可以用 Color replace。用 Target color 选择一种颜色。Replace color 选择要替换的颜色，或者可以在下面垫一个白色蒙版，用色键扣掉黑色，白色就露出来了。可以将图层混合模式改为 Screen。

4.4.2　创建片头素材

本部分简要介绍一个片头的制作，主要说明一些片头制作中共同性的技巧。为了便于读者掌握，制作这个片头所使用的素材主要来自 Adobe Premiere 5 的 Tour 目录，使用了这个目录下的三个和自行车相关的 avi 影片 Boy.avi、Cyclers.avi、Fastslow.avi，一个由 Adobe Illustrator 制作的圆形标志文件 Veloman.eps。另外使用了一个 10 秒的 Backdrop.mov 影片作为整个片头的背景，并自己利用 Premiere 5 的 Title 工具制作了若干素材。这个片头并不很复杂，长度仅 10 秒钟，对 Boy.avi、Cyclers.avi、Fastslow.avi 素材进行了剪辑。

1.边缘虚化的影片运动

在一般片头中经常看到影片在屏幕中运动,并且其边缘虚化。这主要是使用了 Track Matte Key,并对蒙版 Matte 进行了模糊处理。

蒙版可以在 Photoshop 中建立,主要使用 Gaussian Blur(高斯模糊)滤镜或者直接使用 Feather(羽化)命令。这里直接在 Premiere 中利用 Title 工具建立。打开 Title 窗口,选择实心长方形工具,确保前景色为黑色,在 Title 窗口中拉出一个黑色矩形,并选择 Center V 和 Center H 确保其水平和垂直居中。一般而言该矩形可以比照 Safe Area(标题文件的安全区域)虚框拉出。将该蒙版保存为 Mask1.ptl,并输入 Project 窗口中。然后将它拖到 Timeline 窗口的 Video 5 轨道。这里需要补充一点的是,如果是通过多边形填充工具建立的不规则形状(例如五角星、海星等)的蒙版,应该单击鼠标右键,在弹出的菜单中选择 Smooth Polygon(平滑多边形),以平滑边缘。

为了得到一种边缘虚化的效果,对蒙版使用滤镜 Camera blur 处理,使边缘虚化。选择蒙版,选择 Clip>Filter,在滤镜选择对话框中选择滤镜 Camera blur,调整 Blur 值为 80% 左右,现在可以看到蒙版已经虚化。

将 Fastslow.avi 从 Project 窗口拖到 Timeline 窗口的 Video 4 轨道,确保在 Mask1.ptl 下面。选择 Video 4 轨道上的 Fastslow.avi,选择 Clip>Transparency,打开透明设定窗口,选择 Track Matte Key,注意观察预览窗口,发现并没有得到需要的效果,所以单击 Reverse Keys。这时才看到需要的效果。这是很常见的片头技巧。

2.运动中变形影片

在电视片头中常见的一种效果是一个影片运动到屏幕中间,然后水平拉长或者垂直拉长,这在 Premiere 可以较为轻松地做到。这段影片的这种效果主要是利用 Motion 设定中的 Distortion 变形实现的。对 Video 2 轨道上的 Boy.avi 素材应用 Motion 设定。这里将 Start 点和 End 点的 Zoom 值调整为 70。然后在运动路径上大约四分之一靠右的地方增加一个点,假定为 A 点,在中点靠右的地方也单击一下,增加一个点,假定为 B 点。将 Start 点的位置调整为(69,0),即屏幕的右侧。将其余各点的位置均调整为(0,0),可以通过直接单击 Center 实现。

选中 B 点,在 Distortion 窗口中向上拉动样本略图的靠下的两个角到中间"十"字的位置,使之成为形状,以保证变形到原始形状的一半。并在选中 B 点的同时按住"Ctrl+C"组合键,然后选中 End 点,并同时按住"Ctrl+V"组合键,将 B 点的运动变形设置复制到 End 点。这样形成的就是一种影片从屏幕右下方逐渐向上进入屏幕,停留一段时间,然后垂直变细长的效果。

对 Video 3 轨道上的 Cyclers.avi 影片使用了垂直变形,除调整其各点 Zoom 值为 70 外,主要应在影片 Motion 设定窗口 Distortion 窗口中,拉动样本略图靠右的两个角到中间"十"字的位置。这样的效果就是垂直变细长的效果。这样做是为了使影片的效果不单调。

为了使这种效果更加理想,还对 Boy.avi 影片应用了滤镜 Camera blur。选择 Video 轨道上的 Boy.avi 影片,选择 Clip>Filter,在滤镜窗口中选择 Camera blur 滤镜,设置 Start 点值为 0,设置 End 点值为 80。在滤镜的时间线上拖动 Start 点到位置。注意,这里 Start 点的位置要比 Motion 设定中运动路径上点开始变形的时间稍微晚一些。通过这样的调整,Camera blur 滤镜就仅仅作用于影片最后开始变形的一段时间。

3.调整影片的色调

因为在片头的制作中,颜色的因素十分重要,注意到使用的几个样本 avi 文件,除 Boy.avi 为黑白外,色调区别不大,为了增加影片的变化,对素材影片进行色彩调整。色彩的调整,可以采用 Black and White(黑白)、

Tint(染色),Color replace(颜色替代)等滤镜综合实现。这是经常看到的片头技巧。

在这个片头中对 Cyclers.avi 影片应用了色调处理,使它偏蓝色。

选择 Timeline 窗口 Video 3 轨道的 Cyclers.avi 素材,选择 Clip＞Filter,打开 Filter 对话框。选择 Black＆White 滤镜,把它添加到 Available 列表中,单击 OK,这样将从该影片中抽取初始的彩色,使它看起来像早期的黑白影片。

在 Video 3 轨道的 Cyclers.avi 素材被选中的情况下,再次选择 Clip＞Filter,选择 Tint 滤镜,在 Tine 对话框中点击 color 色块选择一种蓝色(0,84,253),单击 OK,关闭 Color picker 色块对话框,拖动滑块调整 Level 值为 55%。

现在按住 Alt 键同时拖动编辑线可以看到 Fastslow.avi 影片呈蓝色色调。下面可以调整该影片素材的亮度。再次为素材应用 Filter,选择 Color replace 滤镜。这时可以在 Color Replace Setting 对话框中,通过使用滴管工具在 Clip Sample 中选择要替代的颜色范围。对这个影片,选择被替换颜色(Target color)为(R＝0,G＝56,B＝152),替换颜色为(R＝107,G＝105,B＝106)。进一步通过拖动 Similarity 滑块来说明将要被替换颜色的范围。这里设置为 13。

对 Video 4 轨道上的 Fastslow.avi 影片进行类似的滤镜处理,但这里将使它呈黄色色调。在应用 Tint 滤镜时,选择一种黄色即可。

注意,在这里素材滤镜应用的顺序十分重要,不同的顺序将带来不同的效果。

4. 制作色条丰富效果

为了使影片效果更加丰富,利用 Title 工具制作了两个彩条标题文件:一个蓝色 titblue.ptl;一个黄色 tityellow.ptl。另外制作了一个绿色正方形标题文件 titgreen.ptl。由于 Premiere 自动为标题建立 Alpha 通道,因此这几个素材在轨道上可直接叠加,无须另外选择抠像,由于素材背景均为白色,此时 Premiere 会自动选择 White Alpha Channel 抠像方式。

对这些彩条的颜色需要特别注意,要么选择比较浅的颜色,要么在 Title 窗口进行总体透明度调整,这样可以使在叠加时有部分背景隐现,使整个画面更加柔和。也可以直接利用 Fade 线调整,通过水平淡化工具也可以得到透出背景的效果。但需要注意,不要选择增加阴影。

黄色的长条将作为横向标题的"底图"。它逐渐由屏幕右方移动到屏幕中间定格,然后红色的标题"自行车生涯"由大变小并定格在黄色的长条上。

蓝色的长条将在整个片段播放过程中由左向右旋转。这样起到一种调节整个影片色彩的作用,并增加了整个片头的动态。但是 Premiere 5 的 Motion 设定中的 Rotation 是基于运动影片中心的相对角度旋转,所以要想使一个长条由左向右旋还需要一些技巧。这可以使用转场并结合虚拟素材实现。为便于调整,这里直接使用 Motion 实现。从 Project 窗口将 Titblue.ptl 拖到 Timeline 窗口的 Video 2 轨道,对其应用 Motion 设定,在 Motion 设定窗口中将 Start 点和 End 点的 Zoom 值均调整为 250,这样将它放大,确保旋转时能够覆盖屏幕的大部分。在运动路径时间线上的 50% 位置增加一个点,假定为 A 点,将 Start 点、A 点、End 点的坐标分别设置为(−42,30),(0,0),(42,30)。这样实际上是将这三个点放到了以屏幕外边的一个点为圆心的圆弧上,形成一定的形状,并调整 Start 点的 Rotation 值为 −45。A 点为 0,End 点为 45,通过这样的调整,实际上是使该矩形由左向右旋转 90°,可以保证得到正确的结果。

绿色的矩形将在最后一个片段播放时开始由小变大,并且为了制造一种闪烁的效果,对其 Fade 进行特殊的处理。但是需要注意,在利用 Title 工具制作正方形时,因为用 Premiere 5 提供的矩形工具并不能自动画出标准的正方形,所以需要打开并参照 Info 窗口,注意观察各顶点的坐标值并适当调整顶点的位置,这样才能精确地保证各边的长度一致。将 Titgreen. ptl 从 Project 窗口拖到 Timeline 窗口的 Video 4 轨道,使它在 Video 3 轨道素材 Cyclers. avi 之上。对 Titgreen. ptl 进行 Motion 设定,调整 Start 点和 End 点的 Rotation 值均为 90,使其类似菱形。因为作为背景的 Cyclers. avi 影片素材是与屏幕平行的,所以这样调整,使绿色的矩形与 Cyclers. avi 影片排列有一种错落的感觉。调整 Start 点的 Zoom 值为 0,End 点的 Zoom 值仍然不变,为 100; 在运动路径中间靠前位置增加一个点,调整其 Zoom 值为 45。这样该正方形会逐渐放大,并呈一种加速变化。

通过在红色的 Fade 线上单击增加淡化点,并上下拖动调整该矩形素材各时间的淡化水平。

5.标题效果

片头主要利用 Title 工具建立了两个标题,即 Titzxc1. ptl 和 Titzxc2. ptl。

为了在电视机上能够看得比较清楚,标题的字体选择了笔画比较粗和颜色深的黑体。考虑到背景的颜色, Titzxc1. ptl 文字没有使用阴影,文字颜色采用了鲜明的红色。因为前面说了这个标题将叠加在黄色的长条上。

Titzxc2. ptl 的文字为纯黑色的,背景为白色,将它作为背景底图,以制作一种标题颜色变化的效果。选择 Project＞Create. Color Matte 建立一个红色的颜色底图,名为 Redmatte。

将 Titzxc2. ptl 拖到 Video 6 轨道。将 Redmatte 拖到 Video 5 轨道对它进行透明设定,选择 Track Matte Key 抠像,并选择 Reverse key。然后对 Redmatte 进行 Motion 设定,设置 Start 点的位置为(40,0),End 点的位置为(0,0)居中,在 Motion 窗口的预览窗口中已经可以看到纵向的标题逐渐从上到下由白色变为红色的效果。

另外还建立了一个 Titline. ptl 文件。在 Title 窗口中,利用 Line 工具拉出一条竖线,拖动 Line Width 滑块调整它的宽度为 10,使该竖线较粗。选择 Project＞Create. Color Matte 建立一个深蓝色的颜色底图,名为 Bluematte。

将 Titline. ptl 从 Project 窗口拖到 Timeline 窗口的 Video 8 轨道。将 Bluematte 从 Project 窗口拖到 Timeline 窗口的 Video 7 轨道。对 Bluematte 进行透明设定。这两个素材均应恰好位于 Video 5/Video 6 之 Titzxc2 素材之上。选中 Bluematte 素材,进行透明设定,选择 Track Matte Key 抠像,并选择 Reverse key。然后对 Bluematte 进行 Motion 设定,在运动路径中间位置增加一个点,假定为 A 点。设置 Start 点的位置为 (0,60),A 点和 End 点的位置均为(0,0)居中,这样在 Motion 窗口的预览窗口中可以看到纵向的竖线从下至上逐渐由白色变为蓝色的效果。它刚好位于 Titzxc2 红色标题的右侧。

6.引入图像素材运动,增加片头趣味

在这个片头中使用了一个 Adobe Illustrator eps 素材 Veloman. eps。该素材有 Alpha 通道,因此可以直接叠加在轨道上。将它从 Project 窗口中拖动到 Timeline 窗口的 Video 6 轨道,对它进行 Motion 设定,在运动路径上增加三个点,注意观察预览窗口,应保证在第三个关键帧时,Veloman. eps 素材和 Video 2 轨道上的 Boy. avi 素材刚好相切。

对运动路径上的第四个点 W 进行 Distoration 处理。这里在按住 Alt 键的同时将鼠标放在一个角的点上, 可以注意到该点附近出现一个圆弧箭头形状的旋转标志,然后拖动,使该略图围绕中心点逆时针旋转大约 270°,并拖动略图左边的两个角进行变形。对其余各点不进行变形处理。

最终形成的是这样一个情形:Veloman. eps 素材从屏幕的左上角飞入屏幕,向右下方移动,此时 Boy. avi 影片刚好从下往上移动,碰到了 Veloman. eps 素材,这个圆形的标志似乎受了冲击,偏离了预定轨道,向屏幕左下角移动并翻转着,最后才又回复到原来的运动轨道。

4.5
素材打包及脱机文件

4.5.1　素材打包

菜单—项目—项目管理,在对话框里勾选即可,如图 4-5 所示。

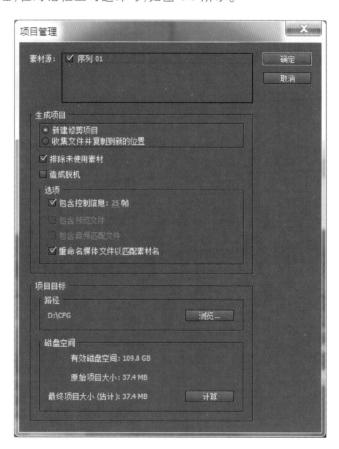

图 4-5　项目管理

4.5.2　脱机文件

将所有导入的文件都一起拷到盘里,假如导入其他的计算机,可以把文件放在盘符一样的文件里面,也可以直接打开 Premiere。若它弹出菜单显示找不到的文件,再重新导入一次就好,前种方法比较保险,但最好是导入的文件都在一起。

　　一般导入文件后,源文件的位置不能发生改变,否则 premiere 链接不到相关文件,会导致项目缺损。在提示项目缺损时可通过主动查找找到缺损文件。premiere 导入文件不是把文件真正地导入进去,而是把文件的位置的信息导进去,等打开项目时,就可以直接链接到相关文件。

4.6
练习:制作快慢镜头

　　(1) 把素材拉到时间线上,单击右键,有个持续时间,是 100%,在这里修改数值,也就是该片的百分之几的速度。

　　(2) 想变慢就应该变成现在速度的百分之几十,也就是小于 100%。

4.7
练习:制作倒计时片头

　　PR 有自带的倒计时视频,文件—新建—通用倒计时片头,如图 4-6 所示。

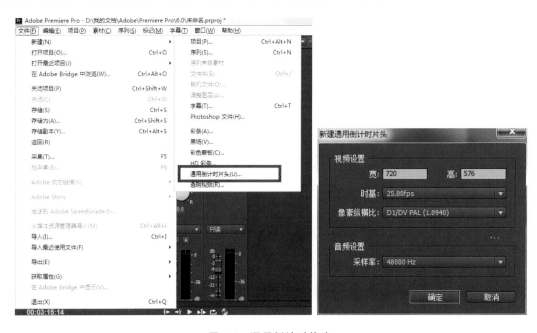

图 4-6　通用倒计时片头

第5章

视频编辑基础

SHIPIN BIANJI JICHU

时间轴可扫描下面的二维码了解。

5.1

使用"时间轴"面板

5.1.1 了解"时间轴"面板

如果还是没有相关内容,那可能是在节目库中把时间轴给删了。看看节目库里有没有时间轴,没有的话,只能重新创建时间轴。单击菜单栏的"文件",然后单击"新建",创建"时间轴",在弹出窗口中设置命名和其他音视频设置。在 premiere 中左右拖动时间轴面板左下角的点就可以实现时间轴的放大或缩小。"时间轴"面板如图 5-1 和图 5-2 所示。

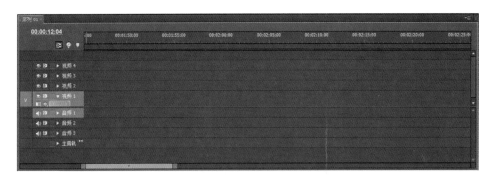

图 5-1 "时间轴"面板(一)

图 5-2 "时间轴"面板(二)

5.1.2 了解轨道

在使用 Premiere 进行影片编辑的时候,轨道是一个比较重要的工作区域。有很多操作要求对同轨道上的所有素材进行。例如整个轨道的平移、删除等。Premiere为用户提供了轨道选择工具,大大方便了用户对同轨道素材的选定。用户单击某轨道上的某一段素材,即可选定该轨道上自该素材开始的所有素材,而不必再对每一段素材一一选取。轨道复选工具则使得用户可以同时选定多条轨道上的素材。这些素材可以是整条轨道上的素材,也可以是时间轴窗口中自某一个时间点开始的素材。范围选择工具、块选择工具、轨道选择工具和轨道复选工具在时间轴窗中的工具按钮栏中共用同一个按钮。用户可以在该按钮上按住鼠标左键并停留一段时间来选择所需的选项,也可以直接使用快捷键M来进行该按钮中四种不同功能的切换。

5.1.3 编辑轨道

(1)在时间轴窗工具栏中选定轨道选择工具(或使用快捷键M切换),鼠标指针变为横向单箭头。单击轨道上的素材,则该素材以及该素材之右的所有同轨道素材被同时选中。

(2)用户可以整体拖动被选中的同轨道素材,并移动它的位置。注意:这些素材只能在原轨道上移动,而不能被整体移到别的轨道上去。

(3)松开鼠标左键,则被选中的同轨道素材被整体移到了新的位置。通过轨道选择工具,用户可以方便而迅速地选中同轨道上的多个素材。当轨道中素材较多的时候其优势尤为明显。

(4)使用轨道选择工具时,被选中的素材都是连续的。用户可以自行选择第一个素材的位置。定位的标准就是时间标尺上随鼠标位置变动的短竖线。

(5)如果用户在按住Shift键的同时对不同轨道上的素材进行点选,则可以同时选中不同轨道上的素材系列。每条轨道上的首位置可以不同。

(6)如果想要同时选中时间轴窗中每一条轨道上的素材,轨道复选工具无疑是个好帮手。使用轨道复选工具时要注意首位置的选择。

(7)在使用上述两种轨道工具的状态下按住Ctrl键,则当前工具暂时被切换为"选择工具",直到Ctrl键被松开。在使用轨道复选工具的状态下按住Shift键,则当前工具暂时被切换为"轨道选择工具",直到Shift键被松开。

具体的操作方式示意如下。

1.添加轨道

方法一:轨道的添加增加了一些可选项,可以指定轨道添加的位置,"放置"选项下拉列表框中有"第一条轨道之前""目标轨道之后"和"最后一条轨道之前"三个选项。可以选择音频轨道的属性,有单声道、立体声和5.1环绕立体声三种选择,还可以添加混音轨道。添加轨道如图5-3所示。

方法二:可以在轨道面板上单击鼠标右键,在出现的菜单中选择"添加轨道"来添加所需的轨道。这里不仅可以添加轨道,而且能重命名轨道。重命名如图5-4所示。

2.删除轨道

方法一:选择菜单命令"时间轴-删除轨道",打开删除轨道面板就可以对当前时间轴窗口中的轨道进行删除。"删除轨道"面板中对视频和音频轨道的删除提供了两个可选项,即删除"所有空白轨道"和删除"当前目标轨道"。并且,添加或者删除轨道只对当前的序列起作用,在一个项目中不同的序列中可以有不同的轨道数量。也就是说,当时间轴窗口中有多个序列的时候,删除其中一个序列的轨道,其他序列不会受到影响。需要注意的是,删除时必须将"删除轨道"前面的方框勾选,如图5-5所示。

方法二:在轨道面板上单击鼠标右键,在出现的菜单中选择"删除轨道",将不需要的轨道删除,如图5-6所示。

图 5-3　添加轨道

图 5-4　重命名

图 5-5　删除轨道(一)

图 5-6　删除轨道(二)

5.2

使用监视器面板

5.2.1　了解监视器面板

参考监视器的作用类似于辅助节目监视器。可以使用参考监视器并排比较序列的不同帧,或使用不同查看模式查看序列的相同帧。

可以独立于节目监视器定位显示在参考监视器中的序列帧。这样,就可以将每个视图定位到不同的帧进行比较。例如使用颜色匹配过滤器。

可以将参考监视器和节目监视器绑定到一起,以使它们显示序列的相同帧并先后连续移动。这特别适用于颜色校正任务。通过将参考监视器的查看模式设置为波形监视器或矢量示波器,可以更有效地调整颜色校正器或任何其他视频过滤器。

可以指定参考监视器的质量设置、放大率和查看模式,就像在节目监视器中那样。其时间标尺和查看区域栏也具有相同的作用。但是,它只是为了提供参考信息而不是用于自身编辑,因此参考监视器包含用于定位到帧的控件,而没有用于回放或编辑的控件。将参考监视器和节目监视器组合到一起时,可以使用节目监视器的回放控件。只能打开一个参考监视器。

绑定参考监视器和节目监视器,可以将参考监视器和节目监视器绑定在一起,以使它们始终监视相同帧。

执行以下操作:在参考监视器的面板菜单中,选择"绑定到节目监视器";在节目监视器的面板菜单中,选择"绑定到参考监视器"。两个监视器显示相同帧。如果在参考监视器、节目监视器或时间轴中移动播放指示器,则其余两个中的播放指示器将移至相同帧。监视器面板如图 5-7 所示。

图 5-7　监视器面板

5.2.2　安全区域

新建项目的加载预置设置选择 PAL 制式。48 kHz 为标准音频采样率,如果对音质要求高,自然要选此选项。自定义设置采用默认设置,具体如下。

1. 字幕安全区域

如果制作的视频要在计算机上播放,就不用担心这个安全框,字幕出现在哪里都可以。如果制作的视频是要在电视机里播放,由于电视机在播出时会有"溢出效果",所以要至少保证字幕出现在最内侧的方框以内,默认设置 20% 不需更改。

2．动作安全区域

为了保证画面的有效部分可以完全显示在电视机内,也就是外侧方框,10％默认设置不需更改。

3．场

大部分的广播视频采用两个交换显示的垂直扫描场构成每一帧画面,这称为交错扫描场。交错视频的帧由两个场构成,其中一个扫描帧的全部奇数场,称为奇场或上场。另一个扫描帧的全部偶数场,称为偶场或下场。场以水平分隔线的方式隔行保存帧的内容,在显示时首先显示第1个场的交错间隔内容,然后显示第2个场来填充第一个场留下的缝隙。计算机操作系统是以非交错形式显示视频的,它的每一帧画面由一个垂直扫描场完成。电影胶片类似于非交错视频,它每次是显示整个帧的。

解决交错视频场的最佳方案是分离场。合成编辑可以将上载到计算机的视频素材进行场分离。通过从每个场产生一个完整帧再分离视频场,并保存原始素材中的全部数据。在对素材进行如变速、缩放、旋转、效果等加工时,场分离是极为重要的。不对素材进行场分离,画面中有严重的毛刺效果。

5.3
编辑序列素材

5.3.1 复制与移动素材

鼠标放在时间轴上,按M键,然后鼠标放到想移动的轨道上去,可以把素材群组移动。整体后移有两种:一种是单个轨道整体后移,用"轨道选择工具",即带虚线方框的那个箭头,按住后就可以整体向后移;另一种是所有轨道素材向后移,按住Shift键的同时用"轨道选择工具",则所有轨道素材可以向后拖。

5.3.2 编辑素材片段

Premiere中的素材剪辑,对整个影片的创建是非常重要的环节。素材剪辑主要是对素材的调用、分割和组合等操作处理。在Premiere中,用户可以在"时间轴"窗口的轨道中编辑置入的素材,也可以通过"节目"监视器窗口直观地编辑"时间轴"窗口轨道上的素材,还可以在"素材源"监视器窗口中编辑"项目"窗口中的源素材。通过这些窗口强大的编辑功能,用户可以很方便地根据影片结构的构思自如地组合、剪辑素材,使影片最终形成所需的播放次序。通过本章的学习,读者可以熟悉"素材源"和"节目"监视器窗口、"时间轴"窗口以及"工具"面板的组织应用,掌握影片编辑的基本技巧。

默认工作区中,监视器窗口分为左右两个窗口,就像通常使用的视频监视器和编辑控制器。左监视器窗口称为"素材源"窗口,用于显示和操作源素材;右监视器窗口称为"节目"窗口,用于显示当前激活的序列预览。

5.3.3　组合与分离音视频素材

"素材源"监视器窗口用于查看和编辑"项目"窗口或者"时间轴"窗口中某个序列的单个素材。双击"项目"窗口中的某个素材,可以打开"素材源"监视器窗口。"素材源"监视器窗口中可以根据需要更改素材显示的比例。单击视窗下的"查看缩放级别"按钮,可以在弹出的下拉菜单中选择合适的比例。选择"适配",系统将根据监视器窗口的大小调整素材的显示比例,以显示整个素材。

"素材源"监视器窗口中可以根据需要更改素材显示的比例。单击视窗下的"查看缩放级别"按钮,可以在弹出的下拉菜单中选择合适的比例。选择"适配",系统将根据监视器窗口的大小调整素材的显示比例,以显示整个素材。在"素材源"监视器窗口已经打开的情况下,将"项目"窗口或者"时间轴"窗口中的一个素材直接拖到"素材源"窗口中,也可以在"素材源"窗口中查看该素材。同时,素材名称将添加到素材菜单中。

5.3.4　调整播放时间与速度

Premiere 中静止的图片默认的播放时间为 150 帧。这个值是可以修改的,单击"编辑",然后单击"参数选择",再单击"静帧图像",就可以进行修改了。

第6章

视频高级编辑技术

SHIPIN GAOJI BIANJI JISHU

三点编辑与四色编辑可扫描下面的二维码了解。

6.1

三点编辑与四点编辑

6.1.1　三点编辑

　　三点编辑和四点编辑通常用在专业视频编辑工作室中。其作用就是在现有剪辑上插入另一段剪辑,在操作上只要通过三点或者四点指定插入或者提取的位置即可。

　　三点编辑的过程是这样的,首先在源素材上指定入点,然后在剪辑素材上指定入点和出点,执行 Insert 操作,就会在剪辑素材上加入源素材中从源素材入点开始的剪辑。

　　要使用三点编辑或者四点编辑需要使用双视图,即在 Monitor 窗口中单击 Dual View 按钮显示 Source 和 Program 来进行(剪辑后)预览画面。

　　下面就具体来学习以下三点编辑法的使用。

　　(1) 启动 Premiere,新建一个工程,导入相关的素材文件。

　　(2) 在 Monitor 窗口中单击 Dual View 按钮显示出两个视图(Source 和 Program),将要插入的剪辑,即 Source 剪辑拖曳到 Source 视图中。

　　(3) 在 Source 视图上拖动播放滑块定位到要设置为入点的那一帧上,然后单击 Mark In 按钮。

　　(4) 将另一个剪辑放置到 Program 视图中,拖动播放滑块设置好入点和出点的位置。

　　(5) 在 Source 视图中单击 Insert 按钮在 Program 画面上插入 Source 画面,插入就是替换由 Program 指定的那一段,如果 Source 的时间大于 Program 入点和出点指定的那一段,则 Program 出点后的剪辑将向后移。

　　如果单击的是 Overlay 按钮,则 Source 画面会覆盖 Program 中指定的那一段,从 Program 出点开始的剪辑并不会改变位置。

　　三点编辑和四点编辑是传统的对编机的概念。非编软件也引入了。一般不进行四点编辑,因为很难找准 4 个点,平常都是三点编辑。

6.1.2　四点编辑

　　若素材经过剪辑,在时间线上形成一步影片,那么在时间线上插入一段剪辑出的素材时,需要涉及 4 个点,即素材的入点,出点,在时间上插入或覆盖的入点、出点,如果是采取三点剪辑的话,那么需要先确定其中的 3 个点,第四个点将由软件计算得出,从而确定了这段素材的长度和所处的位置,可以选择插入或覆盖方式放入时间线;如果是四点剪辑的话,那么需要确定全部 4 个点,将一段素材剪辑后放入时间线,如果使用过 2 台 Beta 做对编的话,可以好理解一些。

6.2

使用标记

6.2.1　添加标记

影视编辑通常是时间较长的工程。有的工程(例如电影、电视剧等)时间长达几个月、数年时间。这期间，编辑的文件可能很多，有的文件很久后再次打开，自己也会忘记内容，标记就是起解释、提醒作用，方便剪辑师操作。添加标记如图 6-1 所示。

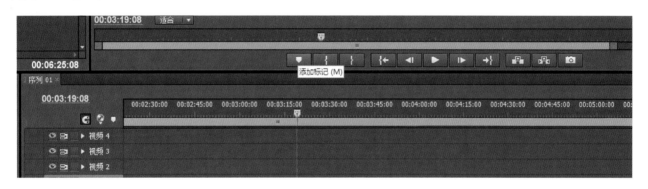

图 6-1　添加标记

6.2.2　编辑标记

(1) 在专家视图时间轴中，单击视频轨道或音频轨道中的空白区域。专家视图时间轴将变成活动的，并且将取消选择以前选择的任何剪辑。

(2) 将专家视图时间轴中的当前时间指示器移动到要设置标记的帧。

(3) 右键单击/按住 Ctrl 并单击时间轴标尺或"监视器"面板，或选择"时间轴">"设置时间轴标记"，然后选择下列选项之一：未编号设置、未编号的标记。

下一可用已编号项使用未使用的最小编号设置已编号的标记。其他已编号。

打开一个可以指定任何未使用编号(从 0 到 99)的对话框。可以在播放影片或剪辑时插入标记。单击"监视器"面板中的"设置未编号的标记"图标，或者在要进行标记的位置按星号键。标记显示在专家视图时间轴的时间标尺中的当前时间指示器位置。

6.3

装配序列

6.3.1 插入和覆盖编辑

插入和覆盖编辑跟 Word 里的插入和覆盖模式概念是一样的。

插入：选好素材以后，按插入，在时间线窗口中，当前时间线位置的地方就插入了选好的素材，同时时间线后面的素材自动往后排列。

覆盖：选好素材以后，按覆盖，在时间线窗口中，当前时间线位置的地方就插入选好的素材，但后面的素材不会往后排列，只是将在时间线位置后面的素材用选好的素材覆盖掉了。

6.3.2 提升与提取编辑

"提升"和"提取"按钮用来删除序列选中的部分内容。

6.3.3 嵌套序列

使用嵌套可以使你对不同的素材进行快速的处理，比如调色、做动画，以及做画中画效果。它不仅能使时间线看起来整洁，而且便于对素材进行剪辑和管理。嵌套序列如图 6-2 所示。

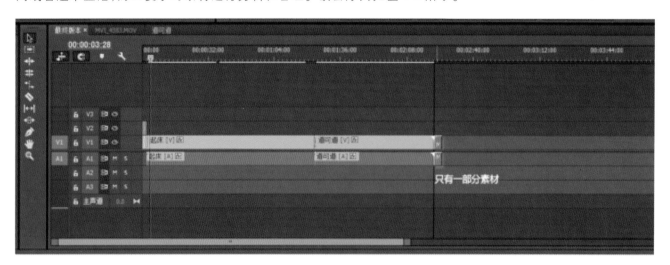

图 6-2 嵌套序列

6.4
练习:制作景观设计效果图相册

按照相应的模板,将效果图对应的加入视频轨道中,从而制作景观设计效果图相册。

6.5
练习:制作景观设计中人行走效果

依照前面步骤制作景观设计中人行走效果。

第7章

设置视频过渡效果

SHEZHI SHIPIN GUODU XIAOGUO

视频切换可扫描下面的二维码了解。

7.1

影视过渡概述

7.1.1 过渡的基本原理

"跟踪缩放"转场能够保留图像边缘痕迹然后渐次缩小消失,将观众带入下一个场景,给人以走入或者走出的感觉。利用 Premiere 中的"视频转换"|"Zoom"|"跟踪缩放"特效来完成画面过渡效果,其流程大体分为:新建项目,导入所要用到的视频素材;打开"特效"面板,将"跟踪缩放"特效控键添加到素材连接处,然后在"特效控制"面板中对转场的参数进行设置,最后输出影片完成制作。操作面板如图 7-1 所示。操作步骤如下。

(1) 新建项目。运行软件,在"装载预置"中选择"DV-PAL",保存项目源文件。

(2) 导入文件。双击"项目"窗口空白处,弹出"输入"对话框,导入"素材"的图片文件。

(3) 编入文件。把素材文件拖入时间线窗口的编辑轨道中,准备进行编辑。

图 7-1 操作面板

7.1.2 设置视频过渡

在项目面板中有个批量导入时间线,在右上角的小三角打开可以看到,在项目面板中按需要的顺序排列好素材的顺序,然后导入,其对话框中有默认的过渡效果,软件本身设置的是淡入淡出。

设置参数里面有个常规要把默认过渡帧数改为 5 到 10 帧,然后在叠化效果处点右键将其设置成默认效果。最后先按"Ctrl+D"组合键添加默认切换效果再按 Page Down 调至下一处过渡。

7.1.3 编辑视频过渡

在 premiere 界面的左边有信息、效果、历史的窗口、点效果,下面有视频切换效果,有很多过渡特效。如果没有看到效果界面,就点工具栏里的窗口→效果。做特效的时候可以看着时间线上面的效果控制平台。

7.2
设置拆分过渡效果

7.2.1 设置划像效果

把画面分成 4 部分(实际是四个轨道上都拖入同一个素材,用四角键控调整窗口大小,拼成一个完成的画面),然后分别设置运动及运动方向,四个画面分别向 4 个角上移动。

7.2.2 设置擦除效果

"视频转换"|"Wipe"|"棋盘格"特效来完成一个生活类片段的过渡效果,其流程大体分为:新建项目,导入所要用到的视频素材;打开"特效"面板,将"棋盘格"特效添加到素材连接处,然后在"特效控制"面板中对转场的参数进行设置,最后输出影片完成制作。

操作步骤如下。

(1) 新建项目。运行软件,项目文件取名为"实例 11",在"装载预置"中选择"DV-PAL",保存项目源文件。

(2) 导入文件。双击"项目"窗口空白处,弹出"输入"对话框,导入光盘中素材中的图片文件。

(3) 编入文件。把素材文件拖入时间线窗口的编辑轨道中,准备进行编辑。

7.2.3 设置滑动效果

先把图片位置设为最右,加一个关键帧,再把图片位置调到最左加一个关键帧。

7.2.4 设置页面剥落效果

页面左下方面板,选择效果(effect)→有 Auodio transitions 也有 Vedio transitions,即音频和视频过渡效果,打开该面板,可任选一效果拖曳到视频素材首或尾过渡处,可覆盖、可选择后删除。

7.3
设置其他过渡效果

7.3.1 设置 3D 运动效果

将一段视频拖放到时间轴的 Video1 通道,将一个图标(即 Veloman. eps)放上 Video2 上,可用鼠标拖动图标边缘,将其调整到合适的长度,通过监视窗只能看到图标,而 Video1 上的视频不可见,这是因为还没有对 Video2 上的图标做透明设置。为了让 Video1 上的视频可见,在时间轴中的图标上点右键,从菜单上选取 Video Options→Transparency,弹出 Transparency settings 面板,在 Key type 下拉列表中选 White Alpha Matte。这样图标周围的白色背景就会变得透明,设置透明效果。

接下来就让图标动起来,先在时间轴中的图标上点右键,从弹出的菜单上选取 Video Options→Motion,出现 Motion Settings 对话框,在对话框左上部有一个运动预览窗,点播放键。

7.3.2 设置溶解效果

淡入淡出是一个转场特效。在特效窗口里有,找一下就行啦,方法是把两个视频放在一起(自动会有"接缝"功能),放好后拖着淡入淡出特效前面的标志到"接缝"即可,同样的方法可以转为白色和黑色。

7.3.3 预设切换效果一览

7.3.3.1 3D Motion 转场特效

1.Cube Spin(立方体旋转)特效

这种特效用来产生类似于立方体转动的过渡效果,但是该效果中的立方体转动使得图像会产生透视变形,立体感非常强烈,如图 7-2 所示。

2.Curtain(舞台拉幕)特效

这种特效用来产生一段素材像被拉起的幕布一样消失,同时另一段素材显露出来的效果,如图 7-3 所示。

图 7-2　Cube Spin 特效

图 7-3　Curtain 特效

3.Doors(开关门)特效

这种特效用来产生一段素材位于门后,随着位于门上的另一段素材的开关而显示的效果,如图 7-4 所示。

4.Flip Over(翻转)特效

这种特效用来产生一段素材像一块板一样翻转,并显示出另一段素材的效果,如图 7-5 所示。

图 7-4　Doors 特效

图 7-5　Flip Over 特效

5.Fold Up(折叠)特效

这种特效用来产生一段素材像一张纸一样被折叠起来,逐渐显露另一段素材的效果,如图 7-6 所示。

6.Spin(旋转)特效

这种特效用来产生一段素材旋转出现在另一段素材上的效果,如图 7-7 所示。

7.Spin Away(变形旋转)特效

这种特效与上述的旋转特效类似,不同之处在于另一段素材旋转出现时画面有透明变形,如图 7-8 所示。

8.Swing In(摆入)特效

这种特效用来产生一段素材如同摆锤一样摆入,逐渐遮住另一段素材的效果,如图 7-9 所示。

图 7-6　Fold Up 特效

图 7-7　Spin 特效

图 7-8　Spin Away 特效

图 7-9　Swing In 特效

9. Swing Out(摆出)特效

这种特效与上述的摆入特效类似,只是画面变形的方向不同,如图 7-10 所示。

10. Tumble Away(翻出)特效

这种特效用来产生一段素材像翻筋斗一样翻出画面,用以显示出另一段素材的效果,如图 7-11 所示。

图 7-10　Swing Out 特效

图 7-11　Tumble Away 特效

7.3.3.2 Dissolve 转场特效

1. Additive Dissolve(相加溶解)特效

这种特效用以产生一段素材与另一段素材淡变的效果,如图 7-12 所示。

2. Cross Dissolve(交叉淡入)特效

这种特效用以产生一段素材叠化到另一段素材的效果,如图 7-13 所示。

图 7-12　Additive Dissolve 特效

图 7-13　Cross Dissolve 特效

3. Dither Dissolve(点淡入)特效

这种特效用来产生一段素材以点的形式淡入另一段素材的效果,如图 7-14 所示。

4. Non-Additive Dissolve(非相加淡变)特效

这种特效用来产生一段素材的亮度图被映射到另一段素材上的效果,如图 7-15 所示。

图 7-14　Dither Dissolve 特效

图 7-15　Non-Additive Dissolve 特效

5. Random Invert(自由翻转)特效

这种特效用来产生一段素材先以自由碎块的形式翻转成负片然后消失,再以自由碎块的形式显示出另一段素材的效果,如图 7-16 所示。

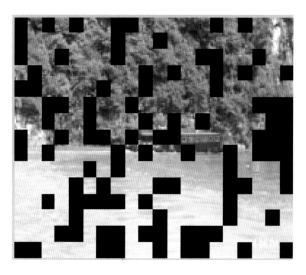

图 7-16 Random Invert 特效

7.3.3.3 Iris 转场特效

1. Iris Cross(十字展开)特效

这种特效用来产生一段素材以十字的形状从另一段素材上展开,并逐渐覆盖另一段素材的效果,如图 7-17 所示。这种效果可以调整十字展开的中心位置。

2. Iris Diamond(钻石展开)特效

这种特效用来产生一段素材以钻石的形状在另一段素材上展开的效果,如图 7-18 所示。这种效果可以调整钻石展开的开始位置。

图 7-17 Iris Cross 特效

图 7-18 Iris Diamond 特效

3. Iris Point(斜十字展开)特效

这种特效用来产生一段素材以斜十字的形状在另一段素材上展开的效果,如图 7-19 所示。这种效果可以调整十字展开的中心位置。

4.Iris Round(圆形展开)特效

这种特效用于产生一段素材以圆形的形状在另一段素材上展开的效果,如图 7-20 所示。这种效果圆形展开的开始位置可以调整。

图 7-19　Iris Point 特效

图 7-20　Iris Round 特效

5.Iris Shape(锯齿形展开)特效

这种特效用于产生一段素材以锯齿形的形状在另一段素材上展开的效果,如图 7-21 所示。这种效果可以调整锯齿的大小和多少。

6.Iris Square(矩形展开)特效

这种特效用于产生一段素材以矩形的形状在另一段素材上展开的效果,如图 7-22 所示。这种效果可以调整矩形的开始点。

图 7-21　Iris Shape 特效

图 7-22　Iris Square 特效

7.Iris Star(星形展开)特效

这种特效用于产生一段素材以星形的形状在另一段素材上展开的效果,如图 7-23 所示。这种效果可以调整星形展开的位置。

图 7-23　Iris Star 特效

7.3.3.4　Map 转场特效

1. Channel Map(通道图)特效

这种特效用于产生一段素材与另一段素材以通道的形式合并或映射到输出的效果,如图 7-24 所示。

2. Luminance Map(亮度映射)特效

这种特效用于产生一段素材的亮度值被映射到另一段素材上的效果,如图 7-25 所示。

图 7-24　Channel Map 特效

图 7-25　Luminance Map 特效

7.3.3.5　Page Peel 转场特效

1. Center Peel(中央剥落)特效

这种特效用于产生一段素材从中心被拨开成四块并且向四个角移去,同时展开另一段素材的效果,如图 7-26所示。

2. Page Peel(卷页)特效

这种特效用于产生一段素材以银白色的背页色卷曲,卷曲方向从四个角开始,逐渐显露出另一段素材的效果,如图 7-27 所示。

图 7-26　Center Peel 特效

图 7-27　Page Peel 特效

3. Page Turn(透明卷页)特效

这种特效产生的效果与卷页特效类似,只是卷页的背面不是银白色而是先前的一段素材,如图 7-28 所示。

4. Page Back(背面卷页)特效

这种特效用于产生将一段素材分为四块图像,然后按顺时针次序从画面的中心分别卷起,最后将另一段素材显现出来的效果,如图 7-29 所示。

图 7-28　Page Turn 特效

图 7-29　Page Back 特效

5. Roll Away(卷页卷动)特效

这种特效用于产生一段素材像卷纸一样卷起,直到另一段素材的画面显示出来的效果,如图 7-30 所示。

7.3.3.6　Slide 转场特效

1. Band Slide(带状滑动)特效

这种特效用于产生一段素材以带状推入,逐渐盖上另一段素材的效果,如图 7-31 所示。

图 7-30　Roll Away 特效

2．Center Merge(中央合并)特效

这种特效用于产生一段素材分裂成四块并且滑向中心,同时展露出另一段素材的效果,如图 7-32 所示。

图 7-31　Band Slide 特效

图 7-32　Center Merge 特效

3．Center Split(中心裂开)特效

这种特效用于产生一段素材分裂成四块并滑向中心或者滑向相反方向,同时展露出另一段素材的效果,如图 7-33 所示。

4．Multi-Spin(多方块旋转)特效

这种特效用于产生一段素材以多方块形式旋转进入的效果,如图 7-34 所示。

5．Push(推动)特效

这种特效用于产生一段素材把另一段素材推出画面的效果,如图 7-35 所示。这种效果可以调整推出的方向。

6．Slash Slide(自由线条滑动)特效

这种特效用于产生一段素材以一些自由线条划过另一段素材的效果,如图 7-36 所示。这种效果可以选择

图 7-33 Center Split 特效

图 7-34 Multi-Spin 特效

图 7-35 Push 特效

图 7-36 Slash Slide 特效

线条划过的方向。

7.Slide(幻灯片)特效

这种特效用于产生一段素材可以像插入幻灯片一样,从八个不同的方向出现在另一段素材上的效果,如图 7-37 所示。

8.Slide Bands(滑动条)特效

这种特效用于产生一段素材以在水平或者垂直方向上平行出现的从小到大的条形中出现,从而遮住另一段素材的效果,如图 7-38 所示。

9.Slide Boxes(等宽滑动)特效

这种特效与滑动条特效效果类似,只是在这种特效中滑动条的宽度相同,如图 7-39 所示。

10.Split(拉合幕式)特效

这种特效用于产生一段素材像被拉开或者合上的幕布一样运动,从而显露出另一段素材的效果,如图 7-40 所示。

11.Swap(交换滑变)特效

这种特效用于产生一段素材分裂成两段图像从画面的两边向中间运动,到达中间后交换前后的位置再方

图 7-37　Slide 特效

图 7-39　Slide Boxes 特效

图 7-38　Slide Bands 特效

图 7-40　Split 特效

向运动遮住另一段素材的效果,如图 7-41 所示。

12. Swirl(漩涡碎块)特效

这种特效用于产生一段素材从一些旋转的方块中旋转而出的效果,如图 7-42 所示。这种效果中方块的多少是可以调整的。

图 7-41　Swap 特效

图 7-42　Swirl 特效

7.3.3.7 Special Effects 转场特效

1. Direct(直通)特效

这种特效在两段素材之间不做任何过渡效果,后一段素材直接出现。

2. Displace(通道替代)特效

这种特效用于产生一段素材的 RGB 通道像素被另一段素材的相同像素替代的效果,如图 7-43 所示。

3. Image Mask(图形遮挡)特效

这种特效用于产生在一段素材上由遮挡图形所形成的区域中显露出另一段素材的效果,如图 7-44 所示。

图 7-43　Displace 特效

图 7-44　Image Mask 特效

4. Take(直接通过)特效

这种特效是将一段素材直接插入到另一段素材上显示,切换过程中没有过渡效果。

5. Texturize(纹理化)特效

这种特效用于产生将一段素材作为纹理映射到另一段素材上的效果,如图 7-45 所示。

6. Three-D(立体电影)特效

这种特效用于产生将一段素材映射到另一段素材的红色和蓝色通道的效果,如图 7-46 所示。

图 7-45　Texturize 特效

图 7-46　Three-D 特效

7.3.3.8 Stretch 转场特效

1.Cross Stretch(立体块转动)特效

这种特效用于产生位于立体块相邻的两个面上的两段素材,随着方块转动显示或者消失的效果,如图 7-47 所示。

2.Funnel(漏斗)特效

这种特效用于产生将一段素材拉成漏斗形逐渐消失,逐渐显露出另一段素材的效果,如图 7-48 所示。

图 7-47 Cross Stretch 特效

图 7-48 Funnel 特效

3.Stretch(滑动变形)特效

这种特效用于产生一段素材被另一段素材挤压而替换成另一段素材的效果,如图 7-49 所示。

4.Stretch In(伸展进入)特效

这种特效用于产生随着一段素材的逐渐拉大,另一段素材逐渐淡出的效果,如图 7-50 所示。

图 7-49 Stretch 特效

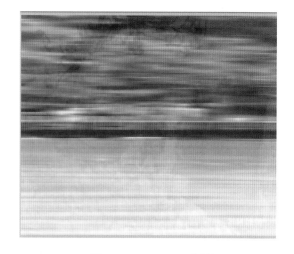

图 7-50 Stretch In 特效

5.Stretch Over(伸展覆盖)特效

这种特效用于产生一段素材从位于另一段素材的中间的一条线拉大后遮住另一段素材的效果,如图 7-51 所示。

图 7-51　Stretch Over 特效

7.3.3.9　Wipe 转场特效

1. Band Wipe (带状划变) 特效

这种特效用于产生一段素材以带状划入逐渐取代另一段素材的效果。该效果与 Band Slide (带状滑动) 特效的效果相似但不相同,划变过渡时两路过渡的素材在画面中均不移动,如图 7-52 所示。

2. Band Doors (开关仓门) 特效

这种特效用于产生一段素材像门一样打开或关闭,随之展现出另一段素材的效果,如图 7-53 所示。

图 7-52　Band Wipe 特效

图 7-53　Band Doors 特效

3. Checker Wipe (棋子划变) 特效

这种特效用于产生一段素材下面的另一段素材以棋子的形式逐渐展示出来的效果,如图 7-54 所示。这种效果中棋子的多少和方向是可以调整的。

4. Checker Board (棋盘) 特效

这种特效用于产生一段素材下面的另一段素材以方格棋盘的形式展示出来的效果,如图 7-55 所示。这种效果中棋盘格数的多少和方向是可以调整的。

图 7-54　Checker Wipe 特效

图 7-55　Checker Board 特效

5. Clock Wipe(时钟)特效

这种特效用于产生一段素材以顺时针或者逆时针方向转动,从而覆盖另一段素材的效果,如图 7-56 所示。

6. Gradient Wipe(渐变切换)特效

这种特效用于产生两段素材依据所选择的图形的灰度进行渐变的效果,如图 7-57 所示。

图 7-56　Clock Wipe 特效

图 7-57　Gradient Wipe 特效

7. Insert(斜插)特效

这种特效用于产生一段素材从另一段素材的角上以方形划变出现的效果,如图 7-58 所示。

8. Paint Splatter(涂料点形)特效

这种特效用于产生一段素材在另一段素材上以涂料的点形逐渐过渡的效果,如图 7-59 所示。

9. Pinwheel(转动风车)特效

这种特效用于产生在一段素材在另一段素材上以风车叶轮转动的形式逐渐出现的效果,如图 7-60 所示。

10. Radial Wipe(放射线划变)特效

这种特效用于产生一段素材从另一段素材的四个角之一以放射线的形式划过另一段素材的效果,如图7-61 所示。

图 7-58　Insert 特效

图 7-59　Paint Splatter 特效

图 7-60　Pinwheel 特效

图 7-61　Radial Wipe 特效

11.Random Blocks(自由碎块)特效

这种特效用于产生一段素材在另一段素材上以自由碎块的形式逐渐出现的效果,如图 7-62 所示。

12.Random Wipe(自由边界)特效

这种特效用于产生一段素材以自由边界碎块组成的边界形式划入另一段素材的效果,如图 7-63 所示。

图 7-62　Random Blocks 特效

图 7-63　Random Wipe 特效

13.Spiral Boxes(螺旋盒)特效

这种特效用于产生一段素材在另一段素材上以螺旋盒的形状逐渐出现的效果,如图7-64所示。

14.Venetian Blinds(威尼斯百叶窗)特效

这种特效用于产生位于百叶窗窗帘上的一段素材在水平或者垂直的方向上以百叶窗窗帘的形式显示出来的效果,如图7-65所示。

图7-64 Spiral Boxes 特效

图7-65 Venetian Blinds 特效

15.Wedge Wipe(楔形划变)特效

这种特效用于产生一段素材从另一段素材的中心以楔形旋转划过的效果,如图7-66所示。

16.Wipe(划变)特效

这种特效用于产生一段素材以水平、垂直或者斜向划变到另一段素材的效果,如图7-67所示。

图7-66 Wedge Wipe 特效

图7-67 Wipe 特效

17.Zig-Zag Blocks(之字形碎块)特效

这种特效用于产生一段素材以之字形碎块的形式出现在另一段素材上的效果,如图7-68所示。

图 7-68　Zig-Zag Blocks 特效

7.3.3.10　Zoom 转场特效

1.Cross Zoom(交叉放大)特效

这种特效用于产生随着一段素材的放大,另一段素材逐渐缩小而显示的效果,如图 7-69 所示。

2.Zoom(变焦)特效

这种特效用于产生一段素材从另一段素材的中心以方形放大以至完全取代另一段素材的效果,如图 7-70 所示。这种效果中开始放大的位置是可以调整的。

图 7-69　Cross Zoom 特效

图 7-70　Zoom 特效

3.Zoom Boxes(多方块放大)特效

这种特效用于产生一段素材以多方块的形式从另一段素材上放大而出的效果,如图 7-71 所示。

4.Zoom Trails(拖尾放大)特效

这种特效用于产生一段素材从画面的中心带着拖尾逐渐缩小,从而显示出另一段素材的效果,如图 7-72 所示。

图 7-71　Zoom Boxes 特效

图 7-72　Zoom Trails 特效

第8章

设置视频效果

SHEZHI SHIPIN XIAOGUO

视频特效可扫描下面的二维码了解。

8.1

视频效果基础

对一个剪辑人员来说,掌握视频特效的应用是非常必要的。视频特效技术对影片的好与坏起着决定性的作用,巧妙地为影片素材添加各式各样的视频特效,可以使影片具有强烈的视觉感染力。通过对本章的学习,读者应掌握常用视频特效的使用方法。

8.1.1 添加视频效果

给素材赋予一个视频特效很简单,只需从"效果"窗口中拖出一个特效到"时间线"窗口中的素材片段上即可。如果素材片段处于选择状态,也可以拖出特效到该片段的"特效控制台"窗口中。添加视频效果如图 8-1 所示。

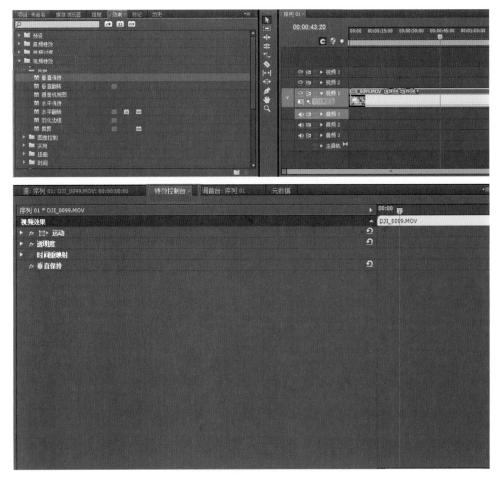

图 8-1 添加视频效果

8.1.2 编辑视频特效

特效控制台中可以对视频特效做进一步编辑,最常见的包括位置,比例等的变化。而透明度、时间重映射需要配合着关键帧进行。

帧是动画制作中的重要概念。它指动画中最小单位的单幅影像画面,相当于电影胶片上的每一格镜头。在动画软件的时间轴上帧表现为一格或一个标记。关键帧——相当于二维动画中的原画,指角色或者物体运动或变化中的关键动作所处的那一帧。通过为不同的关键帧设置不同的效果来创造丰富多彩的动画。

编辑视频特效如图 8-2 所示。

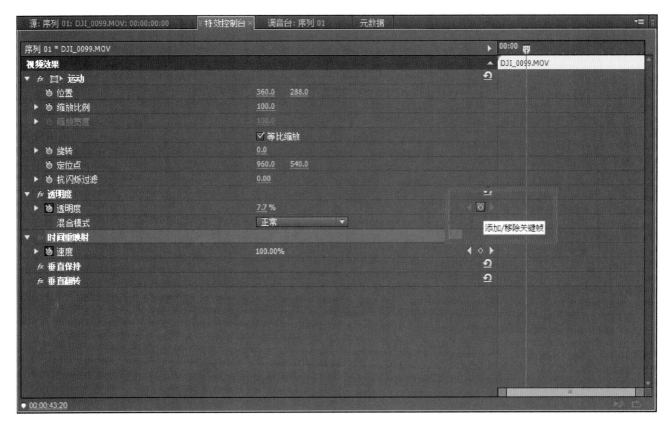

图 8-2 编辑视频特效

8.1.3 调整图层

选择"文件">"新建">"调整图层",如图 8-3 所示。

在"视频设置"对话框中,根据需要修改调整图层的设置,然后单击"确定"。调整图层如图 8-4 所示。

从"项目"面板将调整图层拖动至"时间轴"中要影响的剪辑上方的视频轨道上(或覆盖在其上)。调整图层如图 8-5 所示。

单击调整图层的主体以将其选中。

在选择调整图层后,在"效果"面板(见图 8-6)的"快速查找"框中输入要应用的效果的名称。

双击效果以将其添加至调整图层。可将多个效果添加至调整图层。

图8-3 调整图层(一)

图8-4 调整图层(二)

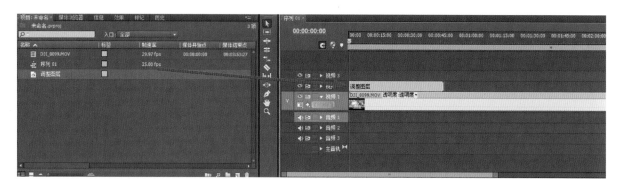

图8-5 调整图层(三)

图8-6 "效果"面板

在"效果控件"面板中,根据需要修改效果的参数。

可将效果添加至调整图层(例如色调或颜色校正效果),然后调整其大小。该技术可让高光显示屏幕的某个区域。

双击"时间轴"显示区域中的调整图层。

拖动屏幕中心的锚点以重新定位调整图层,然后拖动剪辑的边缘以将其按比例缩小。

8.2
变形视频常用效果简介

8.2.1 色彩校正

（1）Brightness & Contrast（亮度与对比度），本视频滤镜效果将改变画面的亮度和对比度。

（2）Channel Mixer（通道合成器），使用本视频滤镜效果，能用几个颜色通道的合成值来修改一个颜色通道。

（3）Color Balance（色彩平衡），本视频滤镜效果利用滑块来调整 RGB 颜色的分配比例，使某个颜色偏重以调整其明暗程度。

（4）Convolution Kernel（回旋核心），本视频滤镜效果使用一道内定的数学表达式，通过矩阵文本给内定表达式输入数据，来计算每个像素的周围像素的涡旋值，进而得到丰富的视频效果。

（5）Extract（提取），当想利用一张彩色图片作为蒙版时，应该将它转换成灰度级图片。而利用此视频滤镜效果，可以对灰度级别进行选择，达到更加实用的效果。

（6）Levels（色彩级别），本视频滤镜效果将画面的亮度、对比度及色彩平衡（包括颜色反相）等参数的调整功能组合在一起，更方便地用来改善输出画面地画质和效果。

（7）Posterize（多色调分色印），本视频效果可将原始图片中的颜色数减少，最多只剩下基本的红、绿、蓝、黄等颜色；最后将原始图片中的颜色转换为像广告宣传画中的色彩。

色彩校正如图 8-7 所示。

图 8-7 色彩校正

8.2.2 扭曲

(1) Bend(弯曲变形),本视频滤镜效果的作用将会使电影片断的画面在水平或垂直方向弯曲变形。可以选择正弦(Sine)、圆形(Circle)、三角形(Triangle)或方形(Square)作为弯曲变形的波形(Wave)。并利用滑块调整视频滤镜效果在水平方向(Horizontal)和垂直方向(Vertical)中的变形效果,调整的参数有 Intensity(变形强度)、Rate(速率)和 Width(宽度),同时在水平方向可以指定波形的移动方向 Direction 为 Left(向左)、Right(向右)、In(向内)、Out(向外),在垂直方向可选择移动方向有 Up(向上)、Down(向下)、In(向内)、On(向外)。

(2) Lens Distortion(镜头扭曲变形),本视频滤镜效果可将画面原来形状扭曲变形。通过滑块的调整,可让画面凹凸球形化、水平左右弯曲、垂直上下弯曲以及左右褶皱和垂直上下褶皱等。综合利用各向扭曲变形滑块,可使画面变得如同哈哈镜的变形效果。

(3) Mirror(镜像),本视频滤镜效果能够使画面出现对称图像。它在水平方向或垂直方向取一个对称轴,将轴左上边的图像保持原样,右上边的图像按左边的图像对称地补充,如同镜面方向效果一般。

(4) Pinch(收缩),本视频滤镜效果可使画面的中心部位向边缘延伸,从而造成画面为凸起的球面效果;也可以从画面的边缘向画面中心收缩,形成画面凹陷的球面效果。

(5) Polar Coordinates(极坐标),本视频滤镜效果可将原始图片从直角坐标转换成极坐标,或从极坐标转换成直角坐标。

(6) Ripple(波纹),本视频滤镜效果可以让画面形成一种波动效果,很像水面上的波纹运动。波纹的形式可从正弦(Sine)、圆形(Circle)、三角形(Triangle)或方形(Square)中选取一种。利用滑块调整在水平方向(Horizontal)和垂直方向(Vertical)中的波动力度。调整的参数有变形强度(Intensity)、速率(Rate)、宽度(Width)。同时在水平方向可以指定波形的移动方向:向左(Left)、向右(Right)、向内(In)、向外(Out)。在垂直方向可选择移动方向有:向上(Up)、向下(Down)、向内、向外。它与 Bend 有相同的地方,但在输出画面上不同于 Bend。

(7) Shear(剪切),本视频滤镜效果使画面沿着一条纵向变化的曲线来变形。开始它是一条直线,可以在其上面单击产生若干个控制点。

(8) Spherize(球面化),本视频滤镜效果会在画面的最大内切圆内进行球面凸起或凹陷变形,通过调整滑块来改变变形强度。

(9) Twirl(漩涡),本视频滤镜效果会让画面从中心进行漩涡式旋转,越靠近中心旋转得越剧烈。通过移动滑块或输入数值可以调整漩涡的角度。

(10) 波浪视频滤镜效果会让画面形成波浪式的变形效果。设置对话框中有 3 个主要参数调整滑块:波形发生器调整滑块,用来产生波浪的形状,即波的数目;波长调整滑块,用来调整波峰之间的距离;振幅调整滑块,用来调整每个波浪的弯曲变形程度。

(11) ZigZag(曲折),本视频滤镜效果会让画面沿着辐射方向变形,变形效果可进行调整。通过在对话框中的 Amount(数量)文本框内输入数值或调整滑块设置变形量的大小。利用 Ridges(背脊)文本框或滑块设置从画面中心到边缘所形成的锯齿波的数量。

扭曲面板如图 8-8 所示。

图 8-8　扭曲面板

8.3
画面质量视频效果

8.3.1　杂波(噪波)与颗粒

杂波(噪波)与颗粒(Noise Grain)主要用于去除画面中的噪点或者在画面中增加噪点,分别为中间值、杂波、杂波 Alpha、杂波 HLS、自动杂波 HLS、蒙尘与刮痕六种效果。杂波与颗粒如图 8-9 所示。

8.3.2　模糊与锐化

模糊与锐化(Blur & Sharpen)主要用于柔化或者锐化图像或边缘过于清晰或者对比度过强的图像区域,甚至把原本清晰的图像变得很朦胧,以至模糊不清楚,分别为复合模糊、定向模糊、快速模糊、摄像机模糊、残像、消除锯齿、通道模糊、锐化、非锐化遮罩和高斯模糊 10 种效果。

Blur(模糊)为视频滤镜效果组。

(1) Antialias(抗锯齿),本视频滤镜效果的作用是将图像区域中色彩变化明显的部分进行平均,使得画面柔和化。

(2) Camera Blur(照相机模糊),本视频滤镜效果是随时间变化的模糊调整方式,可使画面从最清晰连续调整得越来越模糊,就好像照相机调整焦距时出现的模糊景物情况。

(3) Directional Blur(具有方向性的模糊),本视频滤镜效果在图像中产生一个具有方向性的模糊感,从而

图 8-9　杂波与颗粒

产生一种片断在运动的幻觉。

(4) Fast Blur(快速模糊),使用本视频滤镜效果可指定图像模糊的快慢程度。能指定模糊的方向是水平、垂直,或是 2 个方向上都产生模糊。Fast Blur 产生的模糊效果比 Gaussian Blur 更快。

(5) Gaussian Blur(高斯模糊),本视频滤镜效果通过修改明暗分界点的差值,使图像极度地模糊。其效果如同使用了若干从 Blur 或 Blur More 一样。Gaussian 是一种变形曲线,由画面的临近像素点的色彩值产生。

(6) Ghosting(幽灵),本视频滤镜效果将当前所播放的帧画面透明地覆盖到前一帧画面上,从而产生一种幽灵附体的效果,在电影特技中有时用到它。

(7) Radial Blur(射线模糊),本视频滤镜效果可使画面产生放射光线式(适当缩放)或旋转式的柔化。

模糊与锐化如图 8-10 所示。

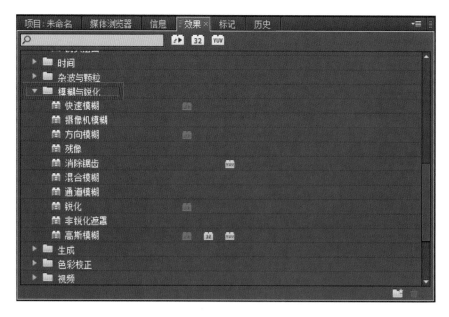

图 8-10　模糊与锐化

8.4

光照视频效果

8.4.1 生成

生成(Generate)是经过优化分类后新增加的一类效果,主要有书写、发光、吸色管填充、四色渐变、圆形、棋盘、油漆桶、渐变、网格、蜂巢图案、镜头光晕和闪电12种效果。生成如图8-11所示。

图8-11 生成

8.4.2 风格化

风格化(Stylize),主要是通过改变图像中的像素或者对图像的色彩进行处理,从而产生各种抽象派或者印象派的作品效果,也可以模仿其他门类的艺术作品如浮雕、素描等,分别为Alpha辉光、复制、彩色浮雕、招贴画、曝光过度、查找边缘、浮雕、画笔描绘、纹理材质、边缘粗糙、闪光灯、阈值和马赛克13种效果。Stylize视频滤镜效果组。

(1) Alpha Glow(Alpha辉光),本视频滤镜效果仅对具有Alpha通道的片断起作用,而且只对第1个

Alpha 通道起作用。它可以在 Alpha 通道指定的区域边缘,产生一种颜色逐渐衰减或向另一种颜色过渡的效果。

(2) Color Emboss(彩色浮雕),本视频滤镜效果除了不会抑制原始图像中的颜色之外,其他效果与 Emboss 产生的效果一样。

(3) Emboss(浮雕),本视频滤镜效果根据当前画面的色彩走向并将色彩淡化,主要用灰度级来刻画画面,形成浮雕效果。

(4) Find Edges(圈定边缘),本视频滤镜效果可以对彩色画面的边缘以彩色线条进行圈定,对灰度图像用白色线条圈定其边缘示。

(5) Mosaic(马赛克),本视频滤镜效果按照画面出现颜色层次,采用马赛克镶嵌图案代替源画面中底图像。通过调整滑块,可控制马赛克图案的大小,以保持原有画面的面目。

(6) Noise(噪音),该视频滤镜效果随机地改变整个图像中像素的值。可通过 Amount of Noise 选项指定噪音程度(0~100%)。

(7) Replicate(复制),本视频滤镜效果可将画面复制成同时在屏幕上显示多达 4~256 个相同的画面。

(8) Solarize(曝光),本视频滤镜效果可将画面沿着正反画面的方向进行混色,通过调整滑块选择混色的颜色。

(9) Strobe Light(闪光灯),本视频滤镜效果能够以一定的周期或随机地对一个片断进行算术运算。

(10) Texturize(材质化),该效果使片断看上去好像带有其他片断的材质。

(11) Tiles(瓷砖),本视频滤镜效果会让画面分割成许多方块,如同拼凑的瓷砖画面效果。

(12) Wind(刮风),本视频滤镜效果会让画面形成风吹式的变形效果。可以在 Method 框架中选择 3 种风的类型:Wind(轻风)、Blast(阵风)、Stagger(摇摆风),还可以在 Direction 框架中设定风吹来的方向。

风格化如图 8-12 所示。

图 8-12 风格化

8.5

其他视频效果

8.5.1　过渡

过渡(Transition),主要用于场景过渡(转换),其用法与"视频切换"类似,但是需要设置关键帧才能产生转场效果,分别为块溶解、径向擦除、渐变擦除、百叶窗、线性擦除5种效果。

过渡如图8-13所示。

图 8-13　过渡

8.5.2　时间与视频

时间(Time)主要是通过处理视频的相邻帧变化来制作特殊的视觉效果,包括抽帧、重影两种效果。

(1) Echo(回声),该视频滤镜效果能将来自片断中不同时刻的多个帧组合在一起,使用它可创建从一个简单的可视的回声效果到复杂的拖影效果。

(2) Posterize Time(间歇),本视频滤镜效果可从电影片断一定数目的帧画面中抽取一帧,假如指定Frame Rate 为 4,则表示每 4 帧原始电影画面中只选取 1 帧来播放。由于有意造成丢帧,故画面有间歇的感觉。

时间与视频如图 8-14 和图 8-15 所示。

图 8-14　时间与视频(一)

图 8-15　时间与视频(二)

视频(Video)效果主要是通过对素材上添加时间码,显示当前影片播放的时间,只有时间码一种效果。

(1) Broadcast Colors(传播颜色),本视频滤镜效果改变像素颜色值,使片断能正确地显示在电视播放中。

(2) Field Interpolation(场插补),本视频滤镜效果能够利用扫描之间的平均效果,插补图像在捕捉时流失的扫描线。

第9章

设置色彩基础

SHEZHI SECAI JICHU

颜色的运用可扫描下面的二维码了解。

9.1
颜色模式概述

9.1.1 色彩与视觉原理

1. 光与色

光色并存,有光才有色。色彩感觉离不开光,如图 9-1 所示。

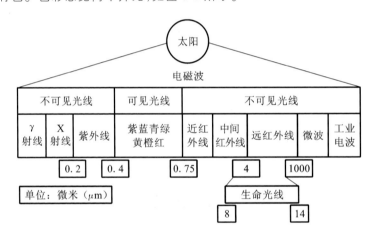

图 9-1 光

(1) 光与可见光谱。光在物理学上是一种电磁波。从 0.39 微米到 0.77 微米波长之间的电磁波,才能引起人们的色彩视觉感觉受。此范围称为可见光谱。波长大于 0.77 微米称红外线,波长小于 0.39 称紫外线。

(2) 光的传播。光是以波动的形式进行直线传播的,具有波长和振幅两个因素。不同的波长长短产生色相差别。不同的振幅强弱大小产生同一色相的明暗差别。光在传播时有直射、反射、透射、漫射、折射等多种形式。光直射时直接传入人眼,视觉感受到的是光源色。当光源照射物体时,光从物体表面反射出来,人眼感受到的是物体表面色彩。当光照射时,如遇玻璃之类的透明物体,人眼看到是透过物体的穿透色。光在传播过程中,受到物体的干涉时,则产生漫射,对物体的表面色有一定影响。如通过不同物体时产生方向变化,称为折射,反映至人眼的色光与物体色相同。

2. 物体色

自然界的物体五花八门、变化万千。它们本身虽然大都不会发光,但都具有选择性地吸收、反射、透射色光的特性。当然,任何物体对色光不可能全部吸收或反射,因此,实际上不存在绝对的黑色或白色。常见的黑、白、灰物体色中,白色的反射率是 64%~92.3%;灰色的反射率是 10%~64%;黑色的吸收率是 90% 以上。

物体对色光的吸收、反射或透射能力,很受物体表面肌理状态的影响,表面光滑、平整、细腻的物体,对色光的反射较强,如镜子、磨光石面、丝绸织物等。表面粗糙、凹凸、疏松的物体,易使光线产生漫射现象,故对色光的反射较弱,如毛玻璃、呢绒、海绵等。

但是,物体对色光的吸收与反射能力虽是固定不变的,而物体的表面色却会随着光源色的不同而改变,有时甚至失去其原有的色相感觉。所谓的物体"固有色",实际上不过是常光下人们对此的习惯而已。如在闪烁、强烈的各色霓虹灯光下,所有建筑及人物的服色几乎都失去了原有本色而显得奇异莫测。另外,光照的强度及角度对物体色也有影响。

物体色如图 9-2 所示。

图 9-2　物体色

9.1.2　色彩三要素

色彩三要素(Elements of color)是色调(色相)、饱和度(纯度)和明度。人眼看到的任一彩色光都是这三个特性的综合效果。这三个特性即是色彩的三要素,其中色调与光波的波长有直接关系,亮度和饱和度与光波的幅度有关。

1.色调(色相)

色彩是由于物体上的物理性的光反射到人眼视神经上所产生的感觉。色的不同是由光的波长的长短差别所决定的。作为色调(色相),指的是这些不同波长的色的情况。波长最长的是红色,最短的是紫色。把红、橙、黄、绿、蓝、紫和处在它们各自之间的红橙、黄橙、黄绿、蓝绿、蓝紫、红紫这 6 种中间色——共计 12 种色作为色相环。在色相环上排列的色是纯度高的色,被称为纯色。这些色在环上的位置是根据视觉和感觉的相等间隔来进行安排的。用类似这样的方法还可以再分出差别细微的多种色来。在色相环上,与环中心对称,并在 180°的位置两端的色被称为互补色。

2.饱和度(纯度)

用数值表示色的鲜艳或鲜明的程度称之为彩度。有彩色的各种色都具有彩度值,无彩色的色的彩度值为0,对有彩色的色的彩度(纯度)的高低,区别方法是根据这种色中含灰色的程度来计算的。彩度由于色相的不同而不同,而且即使是相同的色相,因为明度的不同,彩度也会随之变化的。

3.明度

表示色所具有的亮度和暗度被称为明度。计算明度的基准是灰度测试卡。黑色为0,白色为10,在0~10之间等间隔的排列为9个阶段。色彩可以分为有彩色和无彩色,但后者仍然存在着明度。作为有彩色,每种色各自的亮度、暗度在灰度测试卡上都具有相应的位置值。彩度高的色对明度有很大的影响,不太容易辨别。在明亮的地方鉴别色的明度比较容易的,在暗的地方就难以鉴别。

9.1.3 RGB颜色理论

三原色是由红、黄、蓝基色组成,在印刷、绘画标准中,基础色纸张是白色的,采用消减型原理,理论上可以调配出除了三原色以外的任意颜色(见图9-3)。

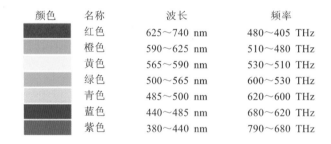

颜色	名称	波长	频率
	红色	625~740 nm	480~405 THz
	橙色	590~625 nm	510~480 THz
	黄色	565~590 nm	530~510 THz
	绿色	500~565 nm	600~530 THz
	青色	485~500 nm	620~600 THz
	蓝色	440~485 nm	680~620 THz
	紫色	380~440 nm	790~680 THz

图9-3 可见光的光谱

回到工业领域,计算机显示设备、电视机、手机的屏幕基础颜色是黑色,而且越黑越好。在黑色基础上,如果要想显示颜色,就要采用叠加型原理,因此采用的三原色就是红、绿、蓝,就是RGB。而叠加原理,是要发光叠加的。这也是为什么在黑暗中,看不到消减原理产生的印刷品,却可以看见叠加原理产生的屏幕颜色。

由于基础色是黑色的叠加原理,如果三种颜色都没有,就是黑色♯000000,如果三种颜色都是饱和的全部叠加在一起就是白色♯FFFFFF,因此当R-G-B三种颜色,或者两种、甚至一种,以不同比例混合后,就可以产生任意多的颜色。

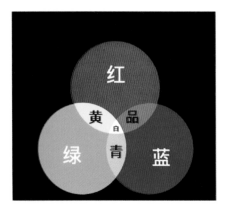

图9-4 叠加原理

在32 Bit显示模式下,前3个Byte,即24Bit用来显示三种颜色的分量,最后一个Byte用来显示透明度,即ALPHA值。这样每一个颜色分量有0~255,一共256种取值,则显示设备可以显示$256×256×256=16777216$种不同颜色。这就是16M色的由来。

而现实情况下,人们只能识别1000万种颜色,也就是看不出♯131313和♯141414的区别。

看看叠加原理(见图9-4)上,颜色是如何产生的,初识屏幕是黑色的,即没有任何颜色叠加RGB(0,0,0),红色全开启是RGB(255,0,0),绿色全开启RGB(0,255,0),红色和绿色调配在一起就是黄色 RGB(255,255,0)。

9.2

设置图像控制效果

9.2.1 灰度系数校正

灰度系统校正特效的作用是通过调整画面的灰度级别,从而实现改善图像显示效果,优化图像质量的目的。与其他视频特效相比,灰度系数校正的调整参数较少,调整方法也较为简单。当降低"灰度系统(Gamma)"选项的取值时,将提高图像内灰度像素的亮度;当提高"灰度系统(Gamma)"选项的取值时,则将降低灰度像素的亮度。

灰度系数校正如图 9-5 所示。

图 9-5 灰度系数校正

9.2.2 色彩传递

可使素材图像中某种指定颜色保持不变,而把图像中的其他部分转换为灰色显示,如图 9-6 所示。

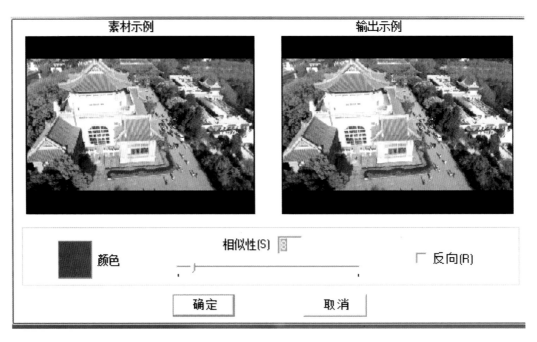

图 9-6 色彩传递

参数如下。

"素材取样"视窗中出现滴管工具,然后单击选取需要的颜色。

"相似性"滑块可以增加或减少选取颜色的范围。

"反转"选项可以反转过滤效果,即除指定的颜色变为灰色显示外,其他的颜色均保持不变。

9.2.3 颜色平衡

颜色平衡(见图 9-7)视频特效能够通过调整素材内的 R、G、B 颜色通道,达到更改色相、调整画面色彩和校正颜色的目的。

图 9-7 颜色平衡

9.2.4 颜色替换

可以指定某种颜色,然后使用一种新的颜色替换指定颜色。

参数如下。

"素材取样"视窗中出现滴管工具,然后单击选取需要的颜色。

"替换色"替换颜色块,在弹出的拾色器对话框中选取要替换的颜色(新的颜色),单击确定按钮。

"相似性"滑块增加或减少选取颜色的范围。当滑块在最左边时,不进行颜色替换;当滑块在最右边时,整个画面都将被替换颜色。

"纯色"选项,在进行颜色替换时将不保留被替换颜色中的灰度颜色,替换颜色可以在效果中完全显示出来。

颜色替换设置如图 9-8 所示。

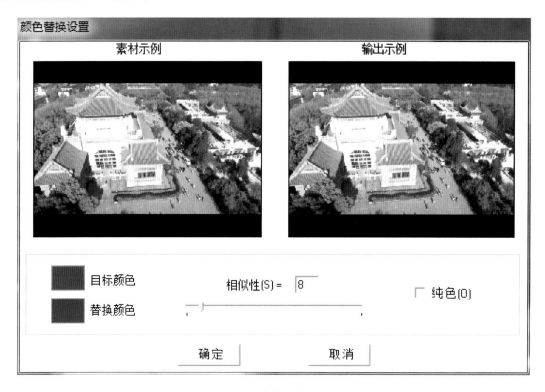

图 **9-8** 颜色替换设置

第10章

校正和调整色彩

JIAOZHENG HE TIAOZHENG SECAI

颜色校正可扫描下面的二维码了解。

10.1
色彩校正

可以分别调整图像的阴影、中间色调与高光部分,可以指定这些部分的范围,同时可以使用 HSL、RGB 或曲线等多种方式来调节色调。

10.1.1　颜色校正效果

颜色校正如图 10-1 所示。

图 10-1　颜色校正

"白平衡"用于设置白色平衡。数值越大,画面中的白色越多。

"色相位平衡与角度"调整色调平衡和角度,可以直接使用色盘改变画面的色调。单击并拖动色轮外圈来改变色相位(该操作改变"色相位角度"的值),然后单击并拖动轮盘中央的圆圈来控制色彩强度(该操作改变"平衡幅度"值)。修改角度会改变所指方向上的色彩;单击并拖动中央的条或控件可以进行微调。

"色相角度"单击并拖动色轮外圈调节色相位。单击并向左拖动色轮外圈会旋转到绿颜色,而单击并向右拖动会旋转到红颜色。在拖动时,色相位角度的数值表示色轮上的度数。

"平衡幅度"用于设置平衡数量。单击拖动色轮中心朝向某一色相位的圆圈来控制色彩强度。向外拖动时,色彩会变得更强烈。

"平衡增益"使用这个控件可以微调平衡增益和平衡角度控件。向外拖动控件会产生更粗糙的效果;将控件保持在中心附近会产生更细腻的效果。(增加白色平衡)

"平衡角度"单击并拖动平衡角度会改变控件所指方向上的颜色。(设置白色平衡角度)

"饱和度"单击并拖动饱和度滑块调节色彩强度。向左拖动滑块到 0.0,将会清除颜色或降低饱和度(将颜色转换成只显示亮度值的灰度颜色)。向右拖动增强饱和度。

"自动黑色阶"单击自动黑电平按钮,将黑电平增加到 7.6IRE 以上。这将会有效地剪辑或切除较暗的电平并按比例重新分布像素值,通常会使阴影区域变亮。

"自动对比度"效果与自动黑色阶、自动白色阶相同。阴影区域会变亮,而高光区域会变暗。这对增加素材的对比度很有用。

"自动白色阶"会降低白电平,是高光区域不超过 100IRE。这将会有效地剪辑或切除白电平并按比例重新分布像素值,通常会使高光区域变暗。

"黑色阶"、"白色阶"和"灰色阶"这些控件提供与自动对比度、自动白色阶和自动黑色阶相似的功能,只是需要单击图像或样本通过颜色拾取选择颜色来选择色阶。

"各种输入色阶和输出色阶"调节对比度和亮度。输入和输出滑动条上的外部标记表示黑场和白场。输入滑块指定与输出色阶相关的白场和黑场。可以同时使用两个滑块一起来增加或减小图像中的对比度。拖动黑色的输入和输出滑块会反转白色输入和输出滑块产生的效果。向右拖动黑色输入滑块会使图像变暗,向右拖动黑色输出滑块会使图像变亮。如果要改变中值色调,而不影响高光和阴影,可以拖动"输入灰色阶"滑块。向右会使中间色变亮,向左会使中间色变暗。

输入输出如图 10-2 所示。

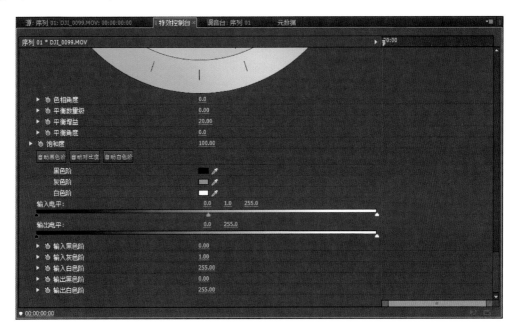

图 10-2　输入输出

10.1.2　亮度调整类

用于调整图像的阴影、中间色调与高光部分,并可以指定这些部分的范围。能够调节素材的亮参数:"色彩范围定义"可以调整图像中的高光、中间色调和阴影的范围。单击方块控制阴影和高光界限(阴影和高光区域的上界和下界)。单击三角控制阴影和高光的柔化(淡化受影响和未受影响的区域间的界线)。柔化滑块实际上能实现更柔的调节范围。

"阴影界线"指定阴影(较暗区域)的色调范围。

"阴影柔化"指定柔化边缘的阴影色调范围。

"高光界限"调节高光(较亮的图像区域)的色调范围。

"高光柔化"确定柔化边缘的高光色调范围。

"色调范围"下拉菜单选择是对合成的主图像、高光、中间调,还是对阴影进行校正。

"亮度"设置素材中的黑电平,如果黑色没有显示成黑色,试着提高对比度。

"对比度"更改图像对比度,基于对比度电平调节对比度。

"对比度电平"为调节对比度控件设置对比度等级。

"Gamma"主要调节中间调色阶,提高或降低图像中颜色的中间范围。使用 Gamma 调整,图像将会变亮或变暗,但是图像中的阴影部分和高光部分不受影响,图像中固定的黑色和白色区域不会受影响。如果图像太暗或者太亮。但阴影并不过暗,高光并不过亮,则应该使用 Gamma 参数。

"基准"增加特定的偏移像素值。结合增益使用,基准能够使图像变亮。会影响中间区域和阴影区域的亮度,对图像中高亮部分的亮度影响较小。

"增益"通过将像素值加倍来调节亮度。结果就是将较亮像素的比率改变成较暗像素的比率。它对较亮像素的影响更大。会影响中间区域和高亮区域的亮度,对图像中阴影部分的亮度影响较小。

亮度调整如图 10-3 所示。

"附属色彩校正"同"三路色彩校正",度或亮度值。

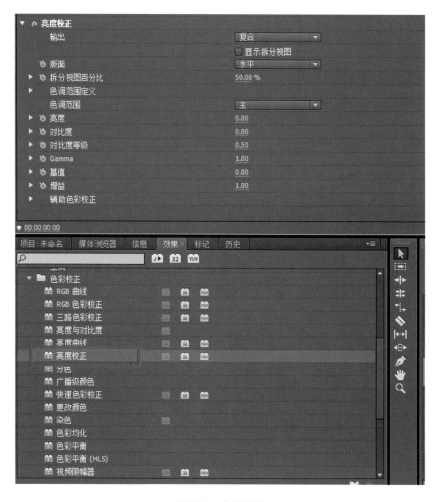

图 10-3　亮度调整

10.1.3　复杂颜色调整类

"附属色彩校正"工具提供控件来限制对素材中的特定范围或特定颜色进行色彩校正。这些控件可以精确指定某一特定颜色或色调范围来进行校正,而不必担心影像其他范围的色彩。按照以下步骤使用"附属色彩校正"。

(1)单击吸管图标,在节目监视器中的图像上选择想要修改的色彩区域。也可以单击颜色样本,然后在颜色拾取对话框中选择一种颜色。

(2)应用以下技术调节色彩范围。

要扩大颜色范围,单击带加号的吸管图标。

要缩小颜色范围,单击带减号的吸管图标。

要扩大色调(色相)控件,首先单击"色调"三角打开色调滑块,然后单击"起始阈值"与"结尾阈值"方形滑块,指定颜色范围。注意可以通过单击并拖动彩色区域来添加色调滑动条上的可见颜色。

(3)要柔化想要校正的色彩范围与其相邻区域之间的差异,单击并拖动"起始柔和度"和"结尾柔和度"滑块,也可以单击并拖动"色调"滑块上的三角。

(4)单击并拖动"饱和度"和"亮度"控件,调节饱和度和亮度范围。

(5)使用"边缘细化"微调效果。"边缘细化"能够淡化色彩边缘,值为－100～100。

(6)如果想要调节选中范围以外的所有颜色,选中"反向限制色"复选框。

(7)要查表示颜色更改的遮罩(单调的黑色、白色和灰色区域),选择"输出"下拉菜单中的"蒙版"。蒙版使只展示正在调整的图像区域变得更容易。选择蒙版时,会发生以下几种情况。

黑色表示被色彩校正完全改变的图像区域。

灰色表示部分改变的图像区域。

白色表示未改变的区域(被遮罩的)。

其他参数与"快速色彩校正"参数相似。

转换颜色如图 10-4 所示。

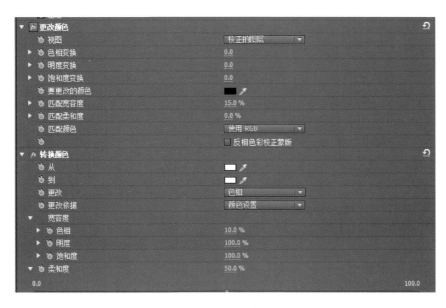

图 10-4　转换颜色

10.2

调整类视频效果

10.2.1 阴影/高光

要将颜色校正限制到特定的色调范围,请从"色调范围"菜单中选择"阴影"、"中间调"或"高光"。选择"主版"将颜色校正应用于图像的整个色调范围。必要时,请使用"色调范围定义"控件来定义不同的色调范围,如图 10-5 所示。

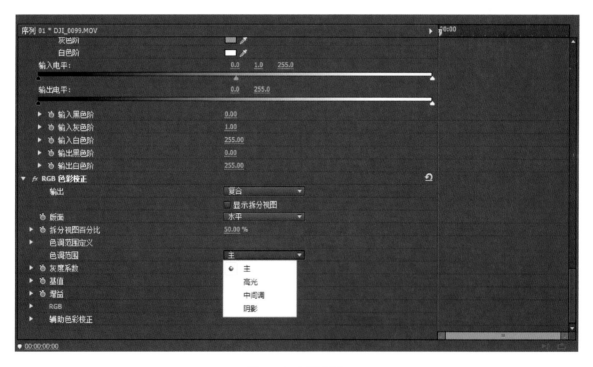

图 10-5　色调范围

10.2.2 色阶

可以用于微调阴影(较暗图像区域)、中间调(明暗适中图像区域)和高光(较亮图像区域),可以同时或单独校正红、绿和蓝色通道。

参数:"通道"可以选择需要调整的通道。

"输入电平"当前画面帧的输入灰度级显示为柱状图。柱状图的横向 X 轴代表亮度数值,从左边的最黑(0)到右边的最亮(255);纵向 Y 轴代表某一亮度数值上总的像素数目。将柱状图下的黑三角滑块向右拖动,使影片变暗；向左拖动白色滑块增加亮度；拖动灰色滑块可以控制中间色调。

　　"输出电平"可以减少片段的对比度。向右拖动黑色滑块可减少片段中的黑色数值；向左拖动白色滑块可以减少片段中的亮度数值。

　　色阶如图 10-6 所示。

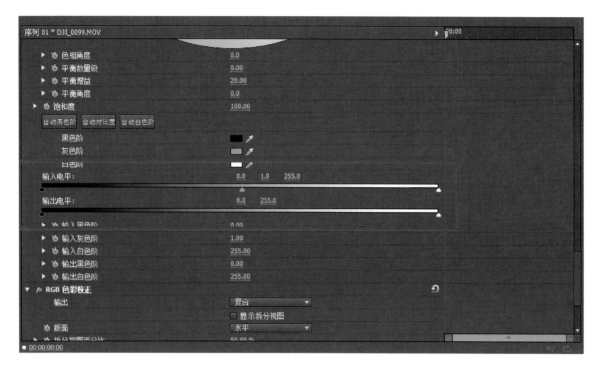

图 10-6　色阶

10.2.3　照明效果

模拟光源照射在图像上的效果，其变化比较复杂（为图像添加照明）。参数可分为两大类型。

参数如下。

（1）灯光类型：主要包括方向、泛光灯、聚光灯三种类型。

"方向"使光从远处照射，这样光照角度不变化，就像太阳光一样。

"泛光灯"使光在图像的正上方向照射，就像一张纸上方的灯泡一样。

"聚光灯"投射一柱椭圆形的光柱。

（2）属性：主要包括环境、光泽和曝光。

"环境"表示影响光照效果的其他光源，它将与设定的光源共同决定光照的效果，就像太阳光与荧光灯共同照射时的效果。

"光泽"决定图像表面反射光线的多少。

"曝光"曝光过度使光线变亮，作用效果明显；曝光不足使光线变暗。

图像的大部分区域为黑色；曝光为 0 时没有作用。

照明效果如图 10-7 所示。

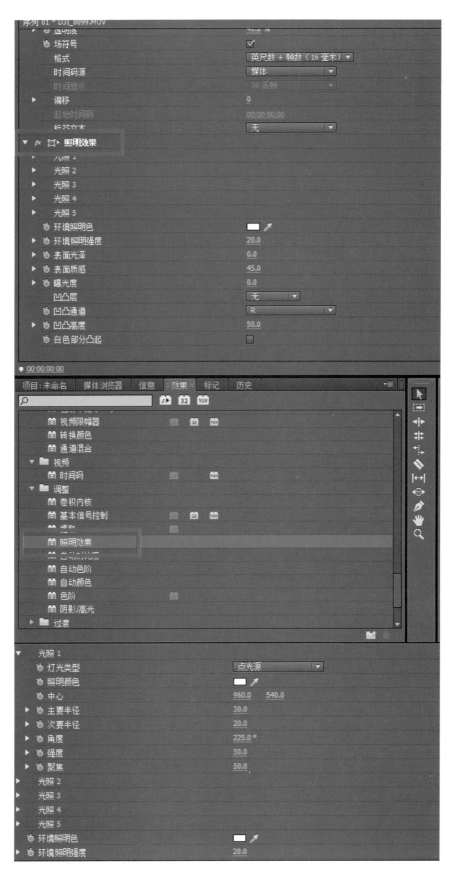

图 10-7　照明效果

10.2.4 其他调整类效果

视频限幅器：在色彩校正后使用此特效，以确保视频落在指定的范围。

参数如下。

"缩减坐标"使用此特效选择要限制的视频信号部分："亮度"、"色度"、"色度和亮度"或者"智能限制（全部视频信号）"。

"信号最小值和信号最大值"选择"缩小轴"后，"信号最小值"和"信号最大值"滑块会基于"缩小轴"进行修改。因此，如果在"缩小轴"中选择"亮度"，那么可以为"亮度"设置最小值和最大值。

"缩小方式"使用"缩小方式"选择要压缩的特定色调范围：高光、中间调、阴影或全部压缩。选择一种缩减方式会有助于保持特定图像区域内的图像锐化状态。

其他调整类效果如图 10-8 所示。

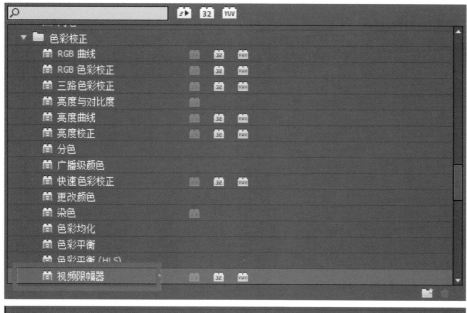

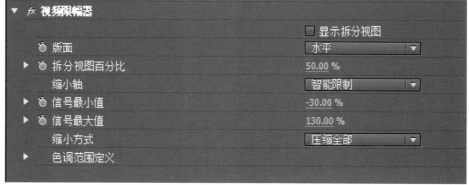

图 10-8　其他调整类效果

第11章

创建字幕
CHUANGJIAN ZIMU

新建字幕可扫描下面的二维码了解。

在各种影视节目中,字幕是不可缺少的。字幕起到解释画面、补充内容等作用。作为专业处理影视节目的Premiere 来说,也必然包括字幕的制作和处理。这里所讲的字幕,包括文字、图形等内容。字幕本身是静止的,但是利用 Premiere 可以制作出各种各样的动画效果。

11.1

创建文本字幕

11.1.1 字幕工作区

字幕的制作主要是在"字幕"工作区中进行的。

11.1.2 创建文本字幕

在菜单栏中选择"文件"—"新建"—"字幕"命令,此时会弹出"新建字幕"对话框,对建立的字幕进行命名,单击"确定"按钮,就可以打开"字幕"窗口,如图 11-1 所示。

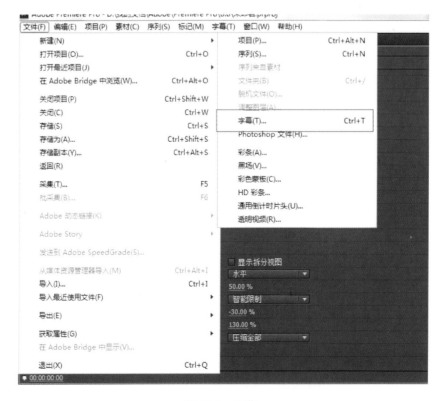

图 11-1 字幕

11.2

创建动态字幕

11.2.1 创建游动字幕

(1) 新建一个游动字幕,并打开字幕编辑对话框。

(2) 横排打入几列文字。

(3) 在下方出现横排的滑动杆,单击游动选项按钮。

(4) 勾选开始于屏幕外和结束于屏幕外,则游动选项设置好了。

创建游动字幕如图 11-2 所示。

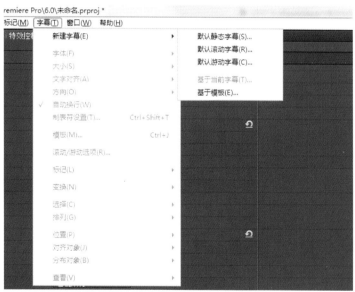

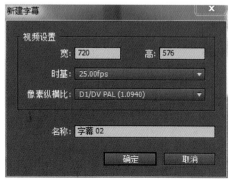

图 11-2　创建游动字幕

11.2.2　创建滚动字幕

（1）新建一个滚动字幕,打开字幕编辑对话框。

（2）选择文字工具,打上多行文字。

（3）按住 Shift 全部选择,在字幕动作里选择水平居中对齐,中心水平居中,垂直等距间隔分布。

（4）将滚动字幕拖到时间轨上,可以看到字幕由下而上进行滚动,打开字幕编辑对话框,对滚动字幕的滚动选项进行选择,单击滚动选项。

（5）出现滚动选项对话框,然后勾选开始于屏幕外和结束于屏幕外。

创建滚动字幕如图 11-3 所示。

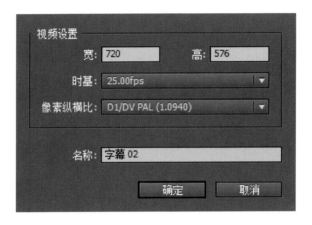

图 11-3　创建滚动字幕

11.3

使用字幕模板

11.3.1　创建模板字幕

在 Premiere 中提供了许多预设的字幕模板。这些模板制作非常精致,足够满足日常的工作需要。可以应用这些模板,再对其中的个别元素进行修改,这样可以大大提高工作效率。应用字幕模板的方法如下。

选择"字幕"—"基于模板"命令,弹出"基于模板"对话框。

展开其中的文件夹式,如果满意,就单击"确定"选择一个模板文件。这时在对话框的预览窗口中可以观看模板的按钮。

创建模板字幕如图 11-4 所示。

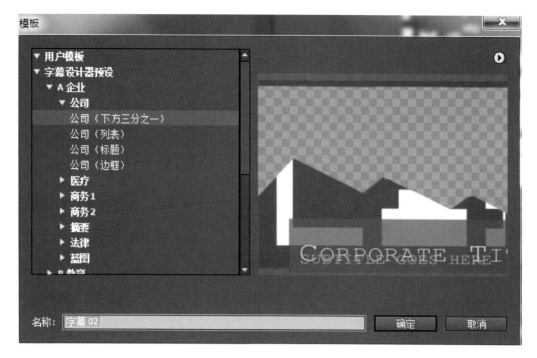

图 11-4　创建模板字幕

11.3.2　保存字幕模板

　　单击"模板"对话框的"预览"窗口右上角的按钮,在弹出的下拉菜单中选择"导入当前字幕为模板"命令。这时会弹出一个"存储为"对话框,单击"确定"按钮,可以将当前字幕窗口中的内容保存为模板文件,如图 11-5所示。

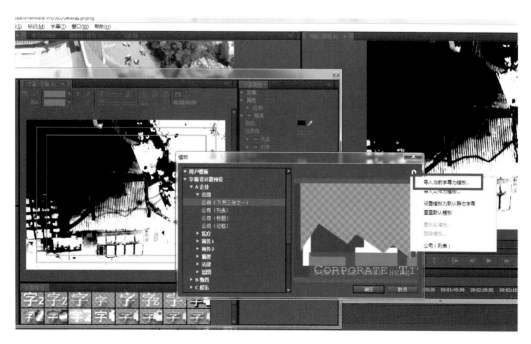

图 11-5　保存字幕模板

11.4
应用图形字幕对象

11.4.1 绘制图形

图形工具包括矩形工具、圆形工具、直线工具、三角形工具；字幕属性包括变换、属性、填充、描边、阴影和背景。

11.4.2 赛贝尔曲线工具

这种插值是最为灵活的方式,可自由调节变化曲线,并且关键帧左右手柄可相对独立地调节,互不影响。贝塞尔曲线插值的效果是可以制作加速变化、减速变化、加速与减速交织变化等效果。

自动曲线插值是利用系统默认的方式,产生平滑的过渡曲线变化。自动贝塞尔曲线插值不能手动修改,已经更改即变为连续曲线插值方式。

连续曲线插值类型的关键帧,可自由调节变化曲线,但左右手柄不能独立地调节,两者相互影响,以产生平滑的过渡。连续曲线插值的效果是可以制作加速变化、减速变化等效果。

11.4.3 插入徽标

(1) 字幕窗口中单击右键,选择 View 菜单下的 Insert Logo。如果要确定大小,也可画一个矩形,在右侧面板中的属性类目中将矩形改为 Logo。

(2) 点击右侧窗口中 Logo 下方的按钮,弹出选择图片路径,选中需要插入的图片即可。

第12章

编辑字幕

BIANJI ZIMU

编辑字幕可扫描下面的二维码了解。

12.1

设置基本属性

设置基本属性如图 12-1 所示。

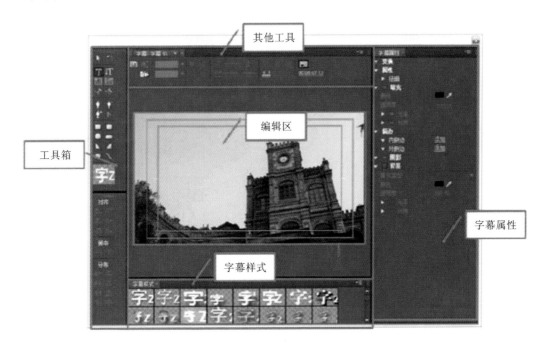

图 12-1 设置基本属性

12.1.1 设置变换属性

"变换"选项组主要用于对字幕进行整体的调整,其中主要包括以下参数设置。

"透明度":对文本进行透明度的调整。

"X 轴位置、Y 轴位置":调整文本在"字幕属性"窗口中的坐标位里。

"宽、高":调整文本的宽度和高度,这两项设置主要针对图形物体。

"旋转":设置文本的旋转角度。

12.1.2 设置文本属性

"属性"选项组主要对文本及图形物体的字体、大小和形状等参数进行设置。

"字体":在该下拉列表框中,显示系统中所有安装的字体,可以在其中选择需要的字体使用。

"字体样式":主要设里文本的样式,其中包括粗体、加粗倾斜和倾斜等。

"字体大小"：设里字体的大小。

"纵横比"：设置字体的长宽比。

"行距"：设置行与行之间的行间距。

"字距"：设置光标位置处前后字符之间的距离，可在光标位置处形成两段有一定距离的字符。

"跟踪"：设里所有字符或者所选字符的间距，调整的是单个字符间的距离。

"基线位移"：设置字符所有字符基线的位里。通过改变该选项的值，可以方便地设置上标和下标。

"倾斜"：设置字符的倾斜角度。

"小型大写字母"：选择该复选框，可以输入大写字母，或者将已有的小写字母改为大写字母。

"大写字母尺寸"：小写字母改为大写字母后，可以利用该选项来调整大小。1下划线1：选择该复选框，可以在文本下方添加下划线。

"扭曲"：在该参数栏中可以对文本进行扭曲设定。调节"扭曲"参数下的 X 和 Y 轴向的扭曲度，可以产生变化多端的文本形状。

设置变换属性如图 12-2 所示。

图 12-2　设置变换属性

12.2
设置填充属性

12.2.1 渐变类填充

在"填充"选项组中,可以指定文本或者图形的填充状态,即使用颜色或者纹理来填充对象。渐变类填充包括线性渐变、放射渐变、四色渐变。

12.2.2 其他渐变类型

其他渐变类型包括实色、斜面、消除和残像。

12.2.3 材质

"材质":选择该复选框可以给文本和图形设里材质效果。

12.2.4 光泽

"光泽":选择该复选框可以设置文本和图形物体的光泽,包括颜色、透明度、大小、角度和偏移设置。

12.3
设置描边效果

12.3.1 添加描边

在"描边"选项组中,可以通过添加内侧边和外侧边对文本和图形的轮廓进行设置。

12.3.2 设置描边属性

"类型":可以设置内、外侧边的类型。其中包括深度、凸出和凹进三个选项。

"大小":可以设置内外侧边的大小。

"填充类型":与"填充"选项组中的"填充类型"类似,都包含七种类型的设置。

"颜色":设置内、外侧边的颜色。

"透明度":设置内、外侧边的透明度。

12.4

设置阴影与背景效果

12.4.1 设置阴影效果

"阴影"选项组用于设置文本和图形物体的阴影效果。可以向在"字幕"中创建的任何对象添加投影。通过各种阴影选项,可以完全控制颜色、不透明度、角度、距离、大小和扩展。

"颜色":设置文本和图形阴影的颜色。

"透明度":设置阴影的透明度。

"角度":设置阴影的角度方向。

"距离":设置阴影与文本和图形的距离。

"大小":设置阴影的大小。

"扩散":设置阴影的扩散度,该值越大,阴影越虚。

阴影如图 12-3 所示。

图 12-3 阴影

12.4.2　设置背景效果

"背景"选项组用于设置文本和图形物体的背景效果。

背景如图12-4所示。

图12-4　背景

12.5

设置字幕样式

可将颜色属性和字体特征的组合保存为样式,以供日后使用。可保存任意多的样式。保存的所有样式的缩览图会显示在"标题样式"面板中,因此,可以快速在项目中应用您的自定义样式。Premiere Pro 也包含一组默认样式。默认情况下,Premiere Pro 将所有保存的样式存储为样式库文件(文件扩展名为.prsl)。保存样式库即会保存显示在"字幕"中的整个样式集。

12.5.1　应用样式

要加载已保存的样式库,请从"标题样式"面板菜单中选择"追加样式库"。浏览到该样式库并将其选中,然后单击"打开"。

12.5.2　创建字幕样式

(1)选择完成风格化设置的对象。

(2)单击"字幕样式"窗口右侧的按钮。在弹出的下拉菜单中选择"新建样式"命令,弹出"新建样式"对话框。

(3)在"名称"文本框中输入样式效果的名称,单击"确定"按钮,这时,新建的风格化效果就会出现在"字幕样式"窗口中,如图12-5所示。

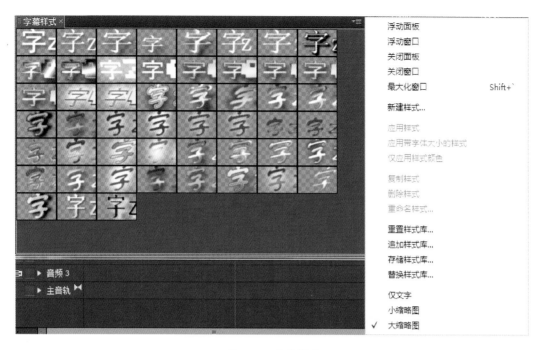

图 12-5 字幕样式

第13章

设置运动特效

SHEZHI YUNDONG TEXIAO

视频的运动可扫描下面的二维码了解。

13.1

设置关键帧

要想使效果随时间而改变,可以使用关键帧技术。当创建了一个关键帧后,就可以指定一个效果属性在确切的时间点上的值。当为多个关键帧赋予不同的值时,Premiere 会自动计算关键帧之间的值。这个处理过程称为"插补"。对大多数标准效果来说,都可以在素材的整个时间长度中设置关键帧。对固定效果,比如位置和缩放,也可以设置关键帧,使素材产生动画。可以移动、复制或删除关键帧,以及改变插补的模式。

13.1.1 激活关键帧

为了设置动画效果属性,必须激活属性的关键帧,任何支持关键帧的效果属性都包括"切换动画"按钮,单击该按钮可插入一个动画关键帧。插入关键帧(即激活关键帧)后,就可以添加和调整素材所僻要的属性,如图13-1 所示。

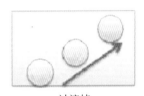

开始帧　　　　　　　　　结束帧　　　　　　　　　过渡帧

图 13-1　关键帧

13.1.2 添加关键帧

添加关键帧可以在"时间轴"或"效果控件"面板中在当前时间添加关键帧。使用"效果控件"面板中的"切换动画"按钮可激活关键帧过程。

注:在轨道或剪辑中创建关键帧,无须启用关键帧显示。

(1) 在"时间轴"面板中,选择包含要动画化的效果的剪辑。

(2) 如果要在"时间轴"面板中添加和调整关键帧,请使关键帧对视频轨道或音轨可见。注:如果要在"时间轴"面板中将关键帧添加到固定效果("运动"、"不透明度"或"音量"),可以跳过步骤(3)。

(3) 在"效果控件"面板中,单击三角形展开要将关键帧添加到的效果,然后单击"切换动画"为效果属性激活关键帧。

(4) 执行以下操作之一来显示效果属性的图表:("效果控件"面板)单击三角形展开效果属性并显示其"值"和"速率"图表。

从剪辑或轨道名称旁边的效果菜单中选择效果属性。

（1）将当前时间指示器移动到要添加关键帧的时间点。

（2）执行以下任一操作：在"效果控件"面板中单击"添加/移除关键帧"按钮，然后调整效果属性的值。使用选择工具或钢笔工具，按住 Ctrl 键并单击关键帧图表，然后调整效果属性的值。可以使用选择工具或钢笔工具在图表上的任一位置添加关键帧。无须定位当前时间指示器。注：要添加关键帧，无须使用带钢笔工具的功能键。但使用选择工具时，必须有功能键。（仅限"效果控件"面板）调整效果属性的控件。这将在当前时间自动创建关键帧。

（3）根据需要重复步骤来添加关键帧并调整效果属性。如果要进一步调整，请使用"效果控件"面板中的关键帧导航器箭头导航到现有关键帧。这种方法也很适合设置其他效果的关键帧，如图 13-2 所示。

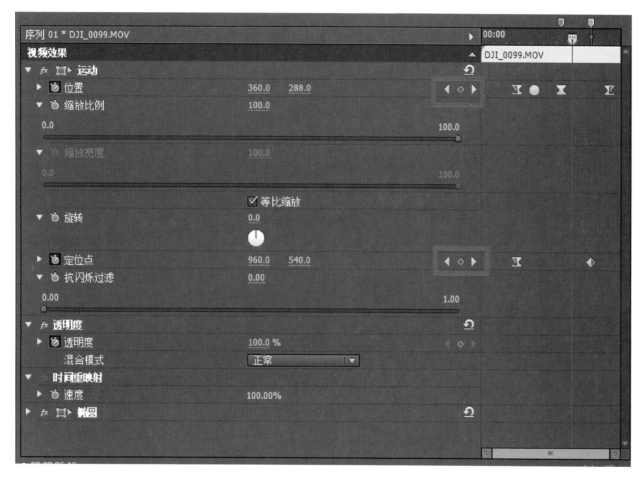

图 13-2　设置关键帧

13.1.3　编辑关键帧

从"时间轴"面板中编辑关键帧图表如下。

（1）确保"时间轴"面板至少有一个剪辑包含一个或多个具有关键帧的效果。选择此剪辑并选择"效果控件"面板。

（2）确保剪辑或轨道的关键帧在"时间轴"面板中可见。

（3）在"效果控件"面板中，单击位于要调整的控件旁边的三角形以显示其"值"和"速率"图表。

（4）在剪辑或轨道名称之后出现的效果菜单中，选择要调整的属性。如果无法看到效果菜单，请尝试增加"时间轴"面板的放大比例。

（5）使用选择工具或钢笔工具执行以下操作之一：如果要编辑多个或不相邻的关键帧，请选择这些关键帧。将选择工具或钢笔工具定位在关键帧或关键帧段上方。选择工具或钢笔工具变成关键帧指针或关键帧段指针。

（6）执行以下任一操作组合：向上或向下拖动关键帧或段以更改值。拖动时，工具提示会指示当前值。如果没有关键帧，则拖动操作将调整整个剪辑或轨道的值。向左或向右拖动关键帧以更改关键帧的时间位置。拖动时，工具提示会指示当前时间。如果将一个关键帧移动到另一个关键帧上，新关键帧将替代旧关键帧。

"效果控件"面板中的"值"和"速率"图表将显示对"时间轴"面板中的关键帧所做的更改。

13.2
设置动画效果

13.2.1　设置运动效果

运动、透明度和时间重置是任何视频剪辑共有的固定特效，位于 Premiere Pro 的"效果控制"面板中。如果剪辑带有音频，那么还会有一个音量固定特效。选中"时间线"面板中的剪辑，打开"效果控制"面板，可以对运动、透明度、时间重置等属性进行设置。

视频效果如图 13-3 所示。

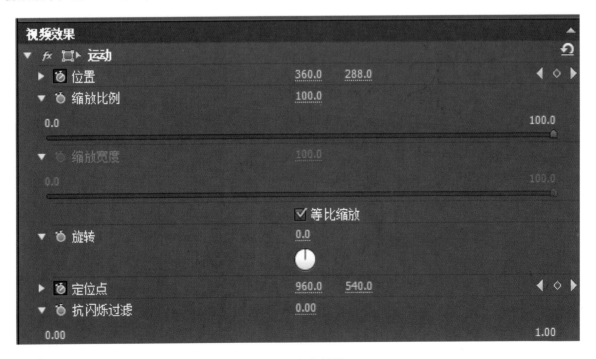

图 13-3　视频效果

13.2.2　设置缩放效果

以轴心点为基准,对剪辑进行缩放控制,改变剪辑的大小。如果取消勾选"等比"复选框,可以分别改变剪辑的高度、宽度。

13.2.3　设置旋转效果

以轴心点为基准,对剪辑进行旋转控制,改变剪辑的角度。当旋转角度超过 360°,系统以圈数标记旋转的角度。

13.2.4　设置不透明度效果

(1)打开 premiere 这款软件,进入 premiere 的操作界面,如图 13-4 所示。

图 13-4　操作界面

(2) 在该界面内点击"Ctrl+I"组合键弹出 import file 对话框,如图 13-5 所示。

(3) 在该对话框内找到需要编辑的图片,点击打开,然后将图片拖到 Program 窗口内,如图 13-6 所示。

(4) 选择图片找到 Effect Controls 面板,并在其内找到 Opacity 选项,如图 13-7 所示。

(5) 点击 Opacity 选项,将其值调节为 50%,如图 13-8 所示。

(6) 在 Program 窗口里可以看到图片就有了透明效果,如图 13-9 所示。

图 13-5　对话框

图 13-6　将图片拖到窗口内

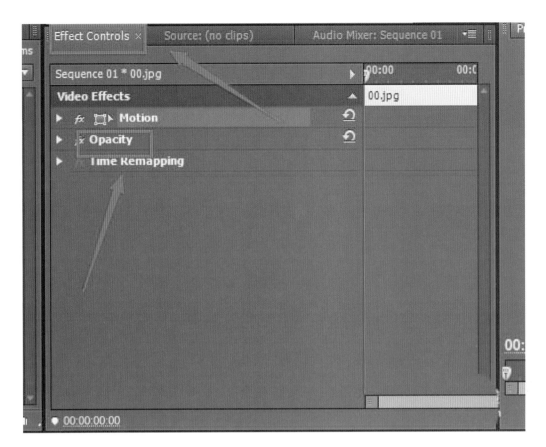

图 13-7　Opacity 选项

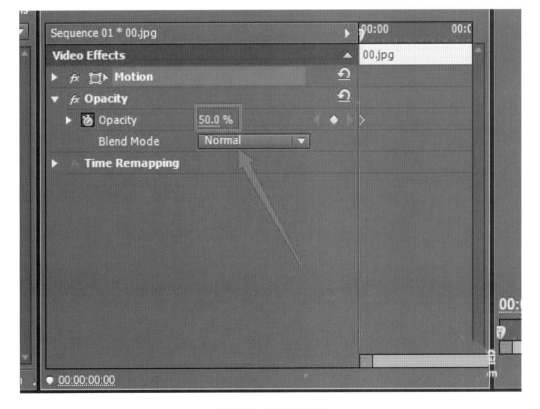

图 13-8　调节为 50%

图 13-9　透明效果

第14章

应用遮罩与抠像

YINGYONG ZHEZHAO YU KOUXIANG

遮罩与抠像可扫描下面的二维码了解。

14.1

合成概述

14.1.1 调节不透明度

要从多个图像创建一个合成,可以使一个或多个图形的一部分变得透明,以使其他图形可以透过透明部分显示出来。可以使用 Premiere Pro 中的多种功能(包括遮罩和效果)使某图像的一部分变得透明。要使整个剪辑均匀地透明或半透明,请使用不透明度效果。可以在"效果控件"面板或"时间轴"面板中设置所选剪辑的不透明度,并可通过对不透明度进行动画处理,使剪辑随着时间而淡入或淡出。

14.1.2 导入含 Alpha 通道的 PSD 图像

当剪辑的一部分为透明时,透明度信息会存储在其 Alpha 通道中。双击项目栏空白处(或用文件—导入),然后选择 PSD 文件,如果你的 PSD 文件是包含层的话就会有提示"导入层文件"的对话框,选择导入为序列——确定。导入分层文件如图 14-1 所示。

图 14-1 导入分层文件

14.2
应用视频遮罩

14.2.1 添加遮罩

（1）在 Photoshop 中新建一个将要用的图片，最好把图片大小设置成与 pr 相同，通常是 $720×576$。

（2）画好图片之后，把将要显示的部分选择出来建立一个快速蒙版，实际上就是一个 Alpha 通道。这个通道把不显示的区域遮住，在通道面板里用黑色表示透明区域，白色表示不透明区域。

（3）保存 ps 文件为 psd 格式备份，再存为 tga 格式，32 位（带 alfa 通道），tga 才是 pr 中要用到的文件。

（4）打开一个 pr 文件，导入 tga 格式的图片。

（5）注意：在 pr 中，视频轨 1（包括 Vedio1A 和 Vedio1B）是作为背景层来用的，越靠上，就越表示前景，类似在 Photoshop 中的现象，带有 Alpha 通道的图片不能放在视频轨 1 上面，因为在这个轨道上不能显示透明信息。

（6）将 tga 素材拖入视频轨 2 中，选中本素材，右击后选择"视频选项"打开"透明设置"，进入对话框。

（7）在"键类型"中选择"alpha channel"，在点击确定就可以了。

添加遮罩如图 14-2 所示。

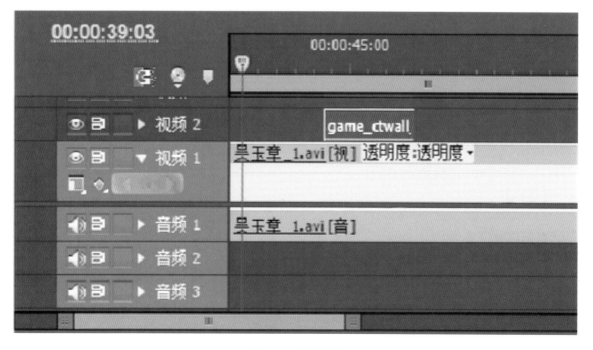

图 14-2 添加遮罩

14.2.2　跟踪遮罩

（1）把要用到的不透明素材导入，并且拖入第二轨。

（2）把准备的不透明素材的遮罩导入，并拖入第三轨。

（3）这时对第二轨加视频特效——键控——跟踪键控遮罩。

（4）把它拖入第二轨的不透明素才上。这时在特效控制上出现了跟踪遮罩控制。展开控制，遮罩选视频3，叠加方式为遮罩亮度。

14.3
应用遮罩效果

14.3.1　差异类遮罩效果

使用 Difference Matte key（差异遮罩）可以去除被叠加片段中移动物体后面的静止背景，然后把移动的物体合并到底层的片段上。这样可以很容易地实现黑白影片中的彩色效果。然而使用 Difference Matte key（差异遮罩）需要从影片片段中输出一帧画面作为 Matte，这个 Matte 应该只包含静止的背景，不包含移动的物体。

14.3.2　颜色类遮罩效果

使用色键特效允许在素材中选择一种颜色或一个颜色范围，并使对象透明。应用色键后，在特效控制中打开参数面板，选择颜色标题后的滴管工具，按住鼠标在预览视窗中单击需要抠去的颜色，吸取颜色后，再调节各项参数。

14.4
抠像

（1）打开 Premiere 软件，新建一个项目，如图 14-3 所示。打开 Premiere 软件，新建一个项目。

（2）对项目进行命名，如图 14-4 所示。

（3）设置项目参数，此处随意即可，如图 14-5 所示。

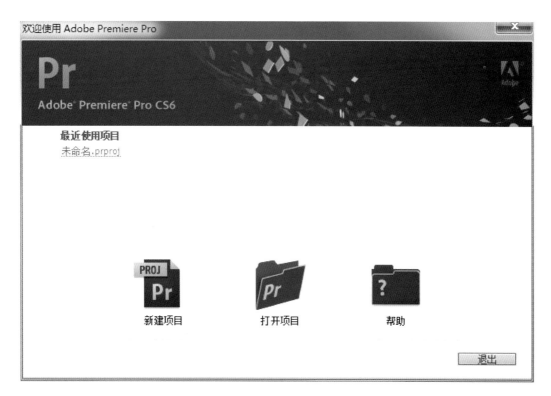

图 14-3　新建一个项目

图 14-4　对项目进行命令

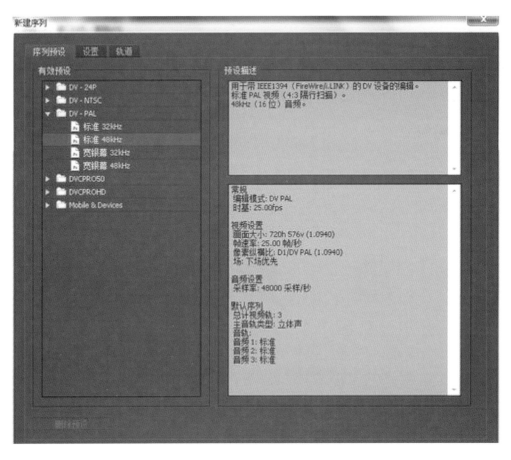

图 14-5　设置项目参数

（4）导入想要抠像的素材,这里是一个序列,也可以用图片练手。

导入素材如图 14-6 所示。

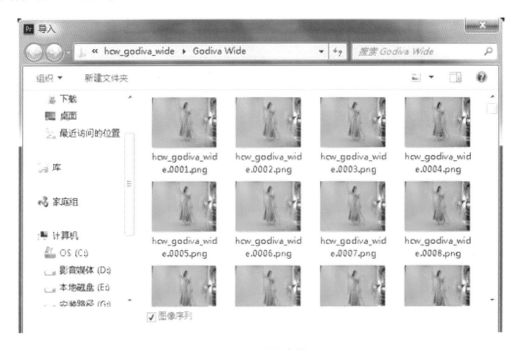

图 14-6　导入素材

（5）将导入的素材拖到时间线，如图 14-7 所示。

图 14-7　导入素材并拖到时间线

（6）在视频特效里找到 RGB 差异键，拖到素材上，如图 14-8 所示。

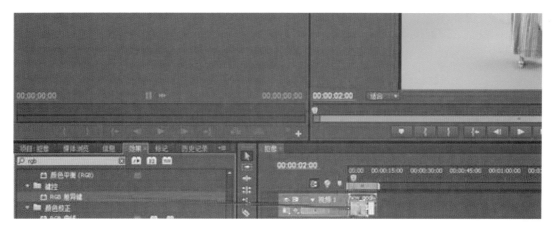

图 14-8　找到 RGB 差异键，拖到素材上

（7）在特效控制处设置参数，并在右边的窗口预览效果，如图 14-9 所示。

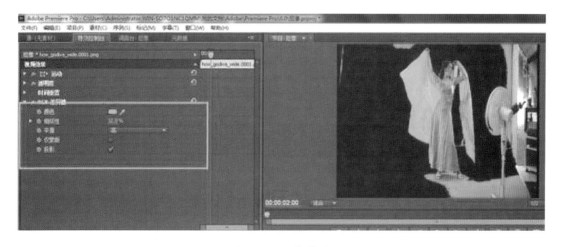

图 14-9　预览效果

（8）搜索出色度键，按照步骤 6、7 操作，基本就可以达到想要的效果了，如图 14-10 所示。

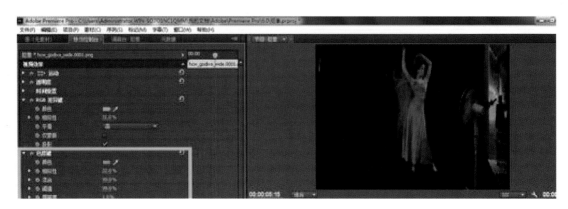

图 14-10　完成效果

第15章

设置音频特效

SHEZHI YINPIN TEXIAO

音频可扫描下面的二维码了解。

15.1
音频效果基础

15.1.1 音频概述

音频是个专业术语。音频一词已用作一般性描述音频范围内和声音有关的设备及其作用。人类能够听到的所有声音都称之为音频，包括噪音等。声音被录制下来以后，无论是说话声、歌声、乐器都可以通过数字音乐软件处理，还是把它制作成 CD，这时候所有的声音没有改变。因为 CD 本来就是音频文件的一种类型。而音频只是储存在计算机里的声音。如果有计算机再加上相应的音频卡——就是声卡，可以把所有的声音录制下来，声音的声学特性如音的高低等都可以用计算机硬盘文件的方式储存下来。

15.1.2 音频信号的数字化处理技术

把模拟信号转换成数字信号的过程称为模/数转换。它主要包括以下内容。

采样：在时间轴上对信号数字化。

量化：在幅度轴上对信号数字化。

编码：按一定格式记录采样和量化后的数字数据。

脉冲编码调制 PCM(Pulse Code Modulation)是一种模数转换的最基本编码方法。CD-DA 就是采用的这种编码方式。采样频率是指一秒钟内采样的次数。

采样的三个标准频率分别为：44.1 kHz，22.05 kHz 和 11.025 kHz。如果对某一模拟信号进行采样，则采样后可还原的最高信号频率只有采样频率的一半，或者说只要采样频率高于输入信号最高频率的两倍，就能从采样信号系列重构原始信号。

根据该采样理论，CD 激光唱盘采样频率为 44 kHz，可记录的最高音频为 22 kHz。这样的音质与原始声音相差无几，也就是超级高保真音质（Super High Fidelity-HiFi）。量化位是对模拟音频信号的幅度轴进行数字化。它决定了模拟信号数字化以后的动态范围。由于计算机按字节运算，一般的量化位数为 8 位和 16 位。量化位越高，信号的动态范围越大，数字化后的音频信号就越可能接近原始信号，但所需要的存储空间也越大。

双声道又称为立体声，在硬件中要占两条线路，音质、音色好，但立体声数字化后所占空间比单声道多一倍。数据率为每秒 bit 数。它与信息在计算机中的实时传输有直接关系，而其总数据量又与计算机的存储空间有直接关系。因此，数据率是计算机处理时要掌握的基本技术参数，未经压缩的数字音频数据率可按下式计算：

$$数据率＝采样频率(Hz)×量化位数(bit)×声道数(bit/s)$$

用数字音频产生的数据一般以 WAVE 的文件格式存储。以".WAV"作为文件扩展名。WAV 文件由三部分组成:文件头,标明是 WAVE 文件、文件结构和数据的总字节;数字化参数如采样率、声道数、编码算法等;最后是实际波形数据。WAVE 格式是一种 Windows 下通用的数字音频标准,用 Windows 自带的媒体播放器可以播放 WAV 文件。MP3 的应用虽然很看好,但还需专门的播放软件,其中较成熟的为 RealPlayer。

为了存储数字化了的音乐,就只能尽量开发高容量的存储系统。在 20 世纪 70 年代末,终于开发出了利用激光读写的光盘存储系统。因为这种光盘比起密纹唱片,无论在体积和重量上都要小得多,轻得多,所以称它为 CD(Compact Disk)。意思为轻便的碟片。而一张 CD 的容量大约为 650 MB,也就只能存储 61.4 分钟音乐。

纯粹音乐 CD 通常也称为 CD-DA。DA 就是数字音频(Digital Audio)的缩写。它的技术指标是由一本所谓的"红皮书"所定义。这本红皮书是菲立普公司和索尼公司在 1980 年公布的。在 1987 年,又由国际电工委员会(IEC)制定为 IEC908 标准。根据这些标准可以比较精确地计算一张 CD 所能存储的音乐时间。实际上在 CD 碟片中是以扇区为单位的,每个扇区中所包含的字节数为 2352 个字节。总共有 345 k 个扇区。因此总的字节数为 345 k×2352=811440 kB。可以存放 76.92 分钟的立体声音乐。还有一种方法来计算播放的时间,CD 在播放时,其播放的速度为每秒钟 75 个扇区。一张 CD 有 345 k 个扇区,因而可以播放的时间为 345 k/75=4600 秒=76 分 40 秒。两种方法计算的结果是一样的。因为音频信号数字化以后需要很大的存储容量来存放,所以很早就有人开始研究音频信号的压缩问题。音频信号的压缩不同于计算机中二进制信号的压缩。在计算机中,二进制信号的压缩必须是无损的,也就是说,信号经过压缩和解压缩以后,必须和原来的信号完全一样,不能有一个比特的错误。这种压缩称为无损压缩。但是音频信号的压缩就不一样,它的压缩可以是有损的只要压缩以后的声音和原来的声音听上去和原来的声音一样就可以了。因为人的耳朵对某些失真并不灵敏,所以,压缩时的潜力就比较大,也就是压缩的比例可以很大。音频信号在采用各种标准的无损压缩时,其压缩比顶多可以达到 1.4 倍。但在采用有损压缩时其压缩比就可以很高。下面是几种标准的压缩方法的性能。按质量由高往低排列。

需要注意的是,其中的 Mbyte 不是正好 1 兆比特,而是 1024×1024=1048576 Byte。必须指出,这些压缩都是以牺牲音质作为代价的,尤其是最后两种方法,完全靠降低采样率和降低分辨率来取得的。这对音质的损失太大,所以这些方法并不可取。

15.2
添加与编辑音频

15.2.1　添加音频

(1)"文件"—"导入"。

(2)双击项目窗口的空白处。

(3)按"Ctrl+I"组合键。

添加音频如图 15-1 所示。

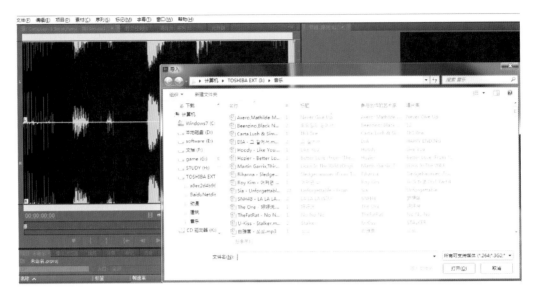

图 15-1　添加音频

15.2.2　在时间轴中编辑音频

在"时间轴"面板菜单中,选择"显示音频时间单位"。"时间轴"面板和节目监视器中的时间标尺切换为基于采样的刻度。如果需要,可展开包含要编辑的剪辑的音轨,单击"设置显示样式"按钮,然后选择"显示波形"。编辑音频如图 15-2 所示。

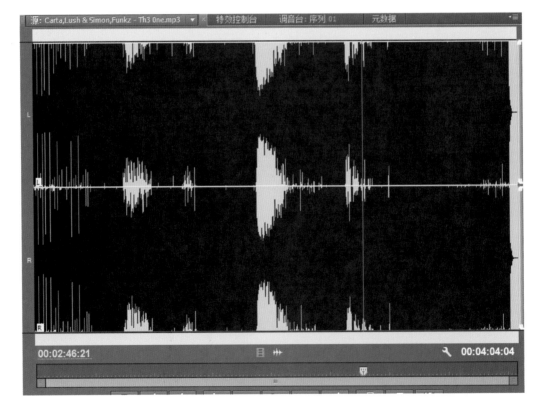

图 15-2　编辑音频

通过将缩放滑块向右拖动,查看要编辑剪辑的音频入点或出点详细信息。

通过执行以下操作之一修剪剪辑:要调整入点,可将指针置于剪辑音频的左边缘上方,从而出现修剪头工具,然后向左或向右拖动。要调整出点,可将指针置于剪辑音频的右边缘上方,从而出现修剪尾工具,然后向左或向右拖动。使用波形显示或播放音频,以确保已对入点和出点进行了正确的调整。剪辑如图 15-3 所示。

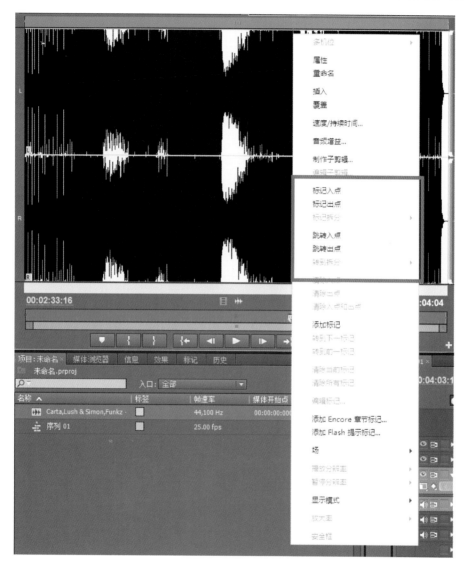

图 15-3 剪辑

15.2.3 在效果控件中编辑音频

Premiere Pro CS5 后的版本大大加强了其处理音频的能力,使其更加专业化。"调音台"窗口是 Premiere 中新增的窗口(选择"窗口"中"调音台"命令即可打开它)。该窗口可以更加有效地调节节目的音频。"调音台"窗口可以实时地混合"时间线"窗口中各个轨道的音频对象。用户可以在"调音台"窗口中选择相应的音频控制器进行调节,该控制器调节它在"时间线"窗口中对应轨道的音频对象。

在效果控件中编辑音频如图 15-4 所示。

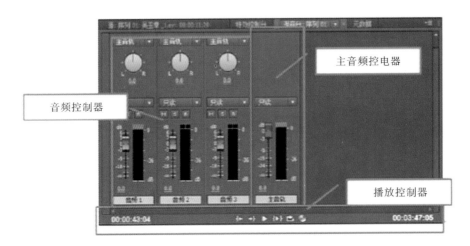

图 15-4　在效果控件中编辑音频

15.2.4　声道映射

　　默认情况下,剪辑音频声道在被捕捉到或导入项目时映射到主音轨。可以指定 Premiere Pro 映射剪辑音频声道的方式,方法是在"音频首选项"对话框的"源声道映射"窗格中选择"默认音轨格式"。也可以在将剪辑音频声道导入项目之后更改这些声道的映射方式。

　　最后,可以指定 Premiere Pro 用于监视每条音频声道的输出声道。例如,可以通过计算机扬声器系统的左前扬声器监视立体声轨道的左声道。在"音频输出映射首选项"对话框中设置此默认值,如图 15-5 所示。

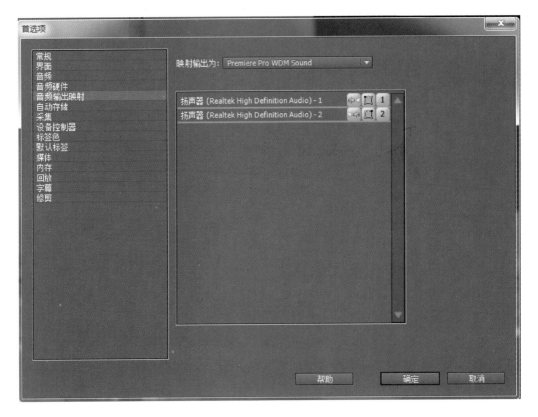

图 15-5　设置此默认值

15.2.5　增益和均衡

音频素材的增益是指音频信号的声调高低。在节目中经常要处理声音的声调,特别是当同一个视频同时出现几个音频素材时,就要平衡几个素材的增益。否则一个素材的音频信号或低或高,将会影响浏览。可为一个音频剪辑设置整体的增益,尽管音频增益的调整在音量,摇摆/平衡和音频效果调整之后,但它并不会删除这些设置。增益设置对于平衡几个剪辑的增益级别,或者调节一个剪辑的过高或过低的音频信号是十分有用的。

同时,如果一个音频素材在数字化的时候,由于捕获的设置不当,也会常常造成增益过低,而用 Premiere 提高素材的增益,有可能增大了素材的噪音甚至造成了失真。要使输出效果达到最好,就应按照标准步骤进行操作,以确保每次数字化音频剪辑时有合适的增益级别。

在一个剪辑中均一调整增益的步骤一般如下。

(1) 在 Timeline 窗口,使用 Selection Tool(选择工具)选择一个音频剪辑,或者使用 Range Select Tool(范围选择工具)选择多个音频剪辑。此时剪辑周围出现浮动的虚线框,表示该剪辑已经被选中。

(2) 选择 Clip→Audio Options→Audio Gain... 命令,弹出如图 15-6 所示的增益调节窗口。

(3) 根据需要选择以下一帧设置。

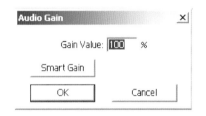

图 15-6　增益调节窗口

在对话框的 Gain Value 文本框中可以输入 1～200 之间的任意数值,表示音频增益的百分比。大于 100% 的值会放大剪辑的增益,小于 100% 的值则削弱剪辑的增益,使其声音更小。

如果选择按钮,在增益调节窗口的 Gain Value 文本框中就会出现一个 Premiere 自动计算出来的最大增益值,最大可达 200%。该值代表将剪辑中音量最高部分放大到系统能产生的最大音量所需的放大百分比。

(4) 选择"OK"按钮。

15.3
音频过渡和音频效果

15.3.1　应用音频过渡

音频转场是对同轨道上相邻两个音频素材通过添加转场效果实现交叉淡化。

音频转场有 Constant Gain(持续增益)和 Constant Power(恒定放大)两种。Constant Gain 将两段素材的淡化线线性交叉。Constant Power 将淡化线按抛物线方式交叉。Constant Power 更符合人耳的听觉规律,Constant Gain 则缺乏变化,显得机械。

音频转场位于素材开始处时声音由小变大,位于素材结束处时声音由大变小,也可应用于单个音频素材,用作渐强或渐弱效果。音频过渡如图 15-7 所示。

图 15-7　音频过渡

15.3.2　添加音频效果

添加音频效果如图 15-8 所示。

图 15-8　添加音频效果

1. 平衡效果

平衡效果(见图15-9)可用于控制左右声道的相对音量。正值增加右声道的比例;负值增加左声道的比例。此效果仅适用于立体声剪辑。

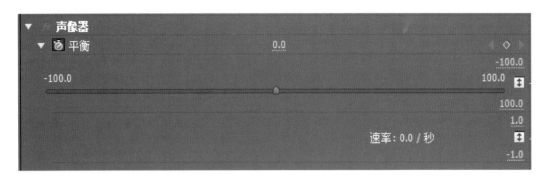

图15-9 平衡效果

2. 带通效果

带通效果移除在指定范围外发生的频率或频段。此效果适用于立体声或单声道剪辑。

3. 中心

中心指定位于指定范围中心的频率。

4. 低音效果

低音效果(见图15-10)可用于增大或减小低频(200 Hz及更低)。"提升"指定增加低频的分贝数。此效果适用于立体声或单声道剪辑。

图15-10 低音效果

5. 声道音量效果

声道音量效果(见图15-11)可用于独立控制立体声或剪辑或轨道中的每条声道的音量。每条声道的音量级别以分贝衡量。

图15-11 声道音量效果

6. 合唱效果

合唱效果通过添加多个短延迟和少量反馈,模拟一次性播放的多种声音或乐器。结果将产生丰富动听的声音。可以使用合唱效果来增强声轨或将立体声空间感添加到单声道音频中,也可将其用于创建独特效果。

7. 卷积混响

在一个位置录制掌声,然后将音响效果应用到不同的录制内容,使它听起来像在原始环境中录制的那样。

8. 消除嘀嗒声效果（消除类效果类似）

消除嘀嗒声效果（见图15-12）用于消除来自音频信号的多余嘀嗒声。嘀嗒声通常由胶片编辑拼接不良或音频素材数字编辑不良造成。通常，"消除嘀嗒声"对于因敲击麦克风而产生的小爆破声非常有用。

在"效果控件"面板中，此效果的"自定义设置"会显示"输入"和"输出"监视器。第一个监视器显示已检测到任何嘀嗒声的输入信号。第二个监视器显示已消除滴答声的输出信号。

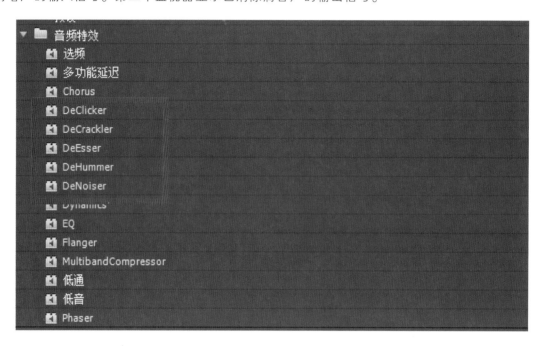

图15-12　消除嘀嗒声效果

9. 消除爆破音效果

消除爆破音效果从声源（如16毫米和35毫米胶片配乐以及虫胶或乙烯基唱片）中消除爆破音。消除爆破音效果也可以减轻以下情况引起的爆破音：窗户上的雨滴声、损坏的音频电缆、电子设备靠近麦克风电缆以及夹式麦克风摩擦衣物。

在"效果控件"面板中，此效果的"自定义设置"会显示"检测到的爆破音"和"输出"监视器。第一个监视器显示已检测到任何爆破音的输入信号。第二个监视器显示已消除爆破音的输出信号。

10. 消除齿音效果

消除齿音效果消除齿音和其他高频"SSS"类型的声音，这类声音通常是在解说员或歌手发出字母"s"和"t"的读音时产生。此效果适用于立体声或单声道剪辑。

11. 消除嗡嗡声效果

消除嗡嗡声效果从音频中消除不需要的50 Hz/60 Hz嗡嗡声。此效果适用于立体声或单声道剪辑。

12. 延迟效果

延迟效果添加音频剪辑声音的回声，用于在指定时间量之后播放。此效果适用于立体声或单声道剪辑。

13. 降噪器效果

降噪器效果自动检测磁带噪音并将其消除。使用此效果可以从模拟录音（如磁带录音）中消除噪音。此效果适用于立体声或单声道剪辑。

14. 动力学效果

动力学效果提供的一组控件可组合使用或单独用于调整音频。使用"自定义设置"(见图 15-13)视图中的图形控件,或在"各个参数"视图中调整值。此效果适用于立体声或单声道剪辑。

图 15-13　自定义设置

15. 扭曲效果

运用此效果可将少量砾石和饱和效果应用于任何音频。

16. 均衡效果

均衡效果(见图 15-14)充当参数均衡器,意味着其使用多个频段控制频率、带宽和电平。此效果包括三个完全参数化的中间频段、一个高频段和一个低频段。默认情况下,低频段和高频段为倾斜滤镜。增益在频率上保持恒定。"剪切"控件将低频段和高频段从倾斜滤镜切换到屏蔽滤镜。增益固定为每八度－12dB 并在屏蔽模式中停用。

使用"自定义设置"视图中的图形控件,或在"各个参数"视图中调整值。在"自定义设置"视图中,可以通过拖动频段手柄在"频率"窗口中控制滤镜频段的属性。每个频段各包括一个用于频率和增益的控件。中间频段包括两个用于调整品质因数的其他控件。此效果适用于立体声或单声道剪辑。

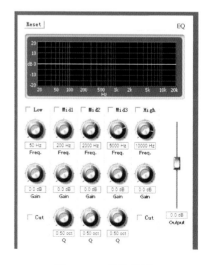

图 15-14　均衡效果

17. 使用左声道效果、使用右声道效果

使用左声道效果复制音频剪辑的左声道信息,并且将其放置在右声道中,丢弃原始剪辑的右声道信息。使

用右声道效果复制右声道信息,并将其放置在左声道中,丢弃现有的左声道信息,仅应用于立体声音频剪辑。

18. 镶 边 效 果

镶边是一种音频效果。通过混合与原始信号大致等比例的可变短时间延迟,将产生这种效果。最初实现此效果的方法是将相同的音频信号发送到两台盘式磁带录音机,然后按下一个卷盘的凸缘以使其减速。合并两段产生的录音后就形成相移的延时效果,具有20世纪60年代和70年代的迷幻音乐特征。镶边效果通过以特定或随机间隔略微对信号进行延迟和相位调整来创建类似的结果。

19. 高 通 和 低 通 效 果

高通效果消除低于指定"屏蔽度"频率的频率。低通效果消除高于指定"屏蔽度"频率的频率。高通和低通效果(见图15-15)适用于立体声或单声道剪辑。

图 15-15　高通和低通效果

20. 反 相 (音 频) 效 果

"反相"(音频)效果(见图15-16)反转所有声道的相位。此效果适用于立体声或单声道剪辑。

图 15-16　"反相"(音频)效果

21. 多 频 段 压 缩 器 效 果

多频段压缩器效果是一种三频段压缩器,其中有对应每个频段的控件。当需要更柔和的声音压缩器时,可使用此效果代替"动力学"中的压缩器。

使用"自定义设置"视图(见图15-17)中的图形控件,或在"各个参数"视图中调整值。"自定义设置"视图在"频率"窗口中显示三个频段(低、中、高)。通过调整补偿增益和频率范围所对应的手柄,可以控制每个频段的增益。中频段的手柄确定频段的交叉频率。拖动手柄可调整相应的频率。此效果适用于立体声或单声道剪辑。

22. 多 功 能 延 迟 效 果

多功能延迟效果为剪辑中的原始音频添加最多四个回声。此效果适用于立体声或单声道剪辑。

23. 消 频 效 果

消频效果消除位于指定中心附近的频率。此效果适用于立体声或单声道剪辑。

24. 参 数 均 衡 效 果

参数均衡效果增大或减小位于指定中心频率附近的频率。此效果适用于立体声或单声道剪辑。

25. 移 相 器 效 果

移相器效果(见图15-18)接受输入信号的一部分,使相位移动一个变化的角度,然后将其混合回原始信号。结果是部分取消频谱,给移相器提供与众不同的声音,为人所熟知的是汽车城放克吉他的签名。

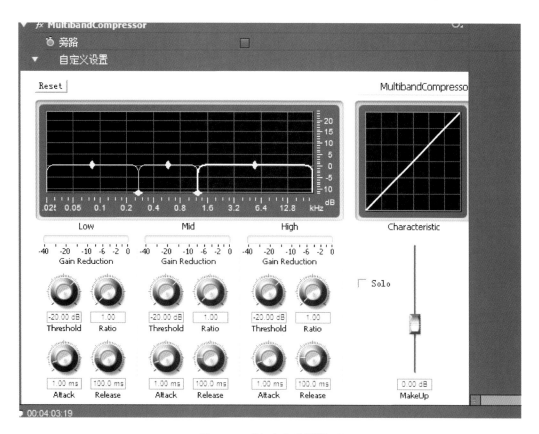

图 15-17 "自定义设置"视图

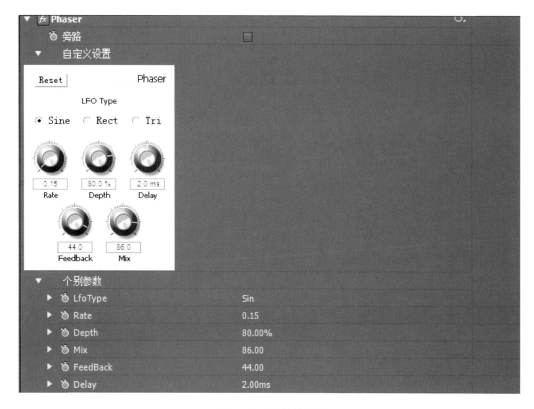

图 15-18 移相器效果

26. 变调效果

变调效果调整输入信号的音调。使用此效果可加深高音或反之。可以使用"自定义设置"视图中的图形控件或通过更改"各个参数"视图中的值来调整每个属性。此效果适用于立体声或单声道剪辑。

27. 混响效果

混响效果(见图15-19)通过模拟室内音频播放的声音,为音频剪辑添加气氛和温馨感。使用"自定义设置"视图中的图形控件,或在"各个参数"视图中调整值。此效果适用于立体声或单声道剪辑。

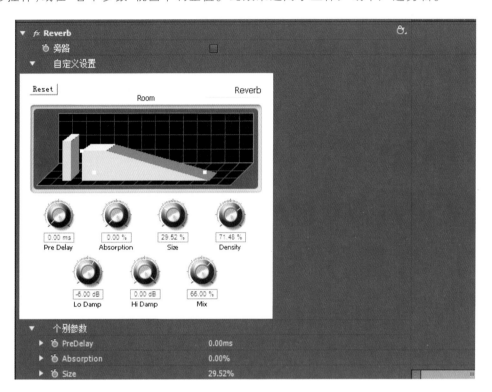

图 15-19　混响效果

28. 频谱降噪效果

"频谱降噪"算法使用三个陷波滤波器组从音频信号中消除色调干扰。它有助于消除原始素材中的杂音(如嗡嗡声和鸣笛声)。

29. 互换声道效果

互换声道效果切换左右声道信息的位置,仅应用于立体声剪辑。

30. 高音效果

高音效果可用于增高或降低高频(4000 Hz 及以上)。"提升"控件指定以分贝为单位的增减量。此效果适用于立体声或单声道剪辑。

31. 音量效果

如果想在其他标准效果之前渲染音量,请使用音量效果代替固定音量效果。音量效果为剪辑创建包络,以便可以在不出现剪峰的情况下增加音频音量。当信号超过硬件所能接受的动态范围时,就会发生剪峰,通常导致音频失真。正值表示增加音量;负值表示降低音量。音量效果仅适用于立体声或单声道轨道中的剪辑。

第16章

应用音频混合器

YINGYONG YINPIN HUNHEQI

音频可扫描下面的二维码了解。

16.1
音频轨道混合器

16.1.1　音频轨道混合器概述

在音频轨道混合器(见图16-1)中,可在听取音频轨道和查看视频轨道时调整设置。每条音频轨道混合器轨道均对应于活动序列时间轴中的某个轨道,并会在音频控制台布局中显示时间轴音频轨道。通过双击轨道名称可将其重命名。还可使用音频轨道混合器直接将音频录制到序列的轨道中。

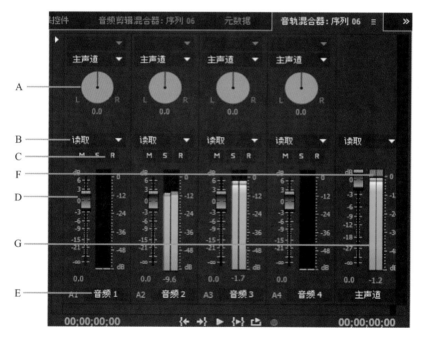

图 16-1　音频轨道混合器(一)

A. 平移/平衡控件;B. 自动模式;C. 静音轨道/独奏轨道/启用轨道以进行录制按钮;

D. 音量表和衰减器;E. 轨道名称;F. 剪切指示器;G. 主音量表和衰减器

默认情况下,音频轨道混合器(见图16-2)会显示所有音频轨道和主音量衰减器以及音量计监视器输出信号电平。音频轨道混合器只显示活动序列中的轨道,而非所有项目范围内的轨道。如果希望从多个序列创建主项目混合,可设置一个主序列并在其中嵌套其他序列。

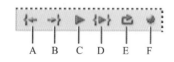

图 16-2　音频轨道混合器(二)

A. 转到入点;B. 转到出点;C. 播放/停止切换;

D. 从入点播放到出点;E. 循环;F. 录制

"音频仪表"面板(见图16-3和图16-4)重复"音频轨道混合器主计量器"的音频显示。可打开单独的"音频仪表"面板,并将其停靠在工作区中的任何位置。"音频仪表"面板可监视音频,即使整个"音频轨道混合器"或"主衰减器"部分不可见也可进行监视。

图 16-3 "音频仪表"面板（一）

图 16-4 "音频仪表"面板（二）

16.1.2 摇动和平衡

能摇摆（pan）一个单声道的音频剪辑，将其位置设置在左右立体声道之间。例如，如果一个音频剪辑包括某个人的对话，能摇摆音频以匹配这个人在帧中的位置。

不能摇摆一个立体声音频剪辑，因为 2 个声道都已经包括了音频信息。在使用立体声音频剪辑时，摇摆控件调整的是剪辑内立体声声道的均衡度。

与音量调整一样，能在 Timeline 窗口或 Audio Mixer 窗口中对剪辑进行摇摆或均衡。Timeline 窗口中的摇摆线（Pan Rubber bands）对应于 Audio Mixer 窗口中的摇摆/均衡（Pan/Balance）控件，并且它们的作用相同。

通过使用于调整音量相同的技术，在音频剪辑上的蓝色摇摆/均衡线（Pan Rubber bands）上增加并拖动句柄，就能自由地改变摇摆或均衡度。摇动和平衡如图 16-5 所示。

为了保证预览摇摆或均衡的最佳效果，请确保计算机或视频卡正确地连接到立体声扬声器上，并且左右声道没有插反。

1.摇摆（Pan）或均衡（Balance）一个音频剪辑

（1）如果需要，选择要调整的音频轨道名字左边的三角形将轨道展开。

（2）如果剪辑中没有显示摇摆/均衡线（Pan Rubber bands），选择轨道头部的蓝色 Pan Rubber bands 图标。

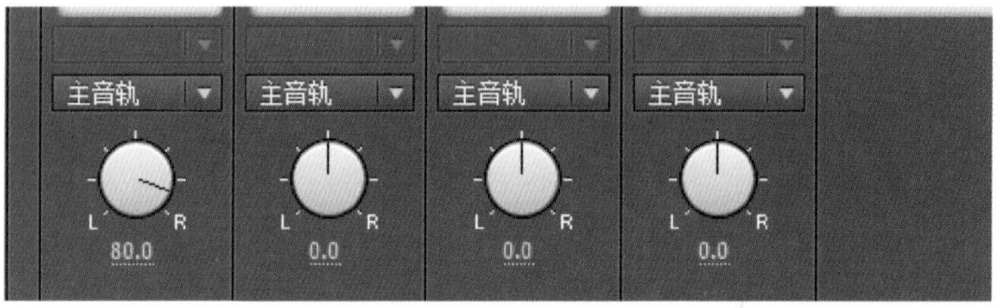

图 16-5　摇动和平衡

(3) 将鼠标指针定位到要调整的摇摆/均衡句柄上,使指针变成一个带有蓝色剪辑的手指形状。向上拖动句柄可向左声道(Left)摇摆/均衡,向下拖动则向右声道(Right)有摇摆/均衡。

2. 以 1% 的增量摇摆或均衡一个剪辑

(1) 将指针定位到要调整的摇摆/均衡句柄上,使指针变成带有蓝色剪辑的手指形状。

(2) 按住 Shift 键,拖动摇摆/均衡句柄。拖动时在音频轨道上将出现一个数值框,其中显示了当前的摇摆或均衡等级。只有按下了 Shift 键,甚至能将鼠标拖出音频轨道的顶端或底部。更大的拖动区域使能以 1% 的增量左右摇摆或均衡。

16.1.3　设置效果与发送

要添加效果或发送,在"效果和发送"面板中单击"效果选择"或"发送分配选择"三角形。然后从菜单中选择效果或发送。

16.2
音频剪辑混合器

在作品的编辑过程中,经常需要调节音频的音量。最常见的一种效果是在剪辑开始时音量逐渐提高,在剪辑结束时音量逐渐降低。通过升高或降低音频增益的分贝数,可以调整整段剪辑的音量。如果剪辑音量过低,需要升高音频的增益,反之则需要降低音频的增益。在进行数字化采样时,如果素材片段的音频信号设置得太低,调节增益进行放大处理后,会产生很多噪音。因此,在进行数字化采样时,要设置好硬件的输入级别。

使用关键帧可以对音频某部分的音量进行调节,产生渐强和减弱的效果。在"时间线"面板中通过"钢笔"工具创建关键帧改变音量,在"效果控制"面板中通过创建关键帧、改变音频的"音量"特效调节音量。音频效果如图 16-6 所示。

(1) 单击音轨名称旁的三角形,以展开音轨视图。

(2) 在音频轨道标头中,单击"显示关键帧"按钮(见图 16-7),并从菜单中选择以下任一选项。

显示剪辑关键帧,允许将剪辑的音频效果制成动画,包括"音量"。

显示剪辑音量,只允许更改剪辑的"音量"。

图 16-6 音频效果

图 16-7 "显示关键帧"按钮

显示轨道关键帧,允许将许多音轨效果制成动画,包括"音量"、"静音"和"平衡"。

显示轨道音量,只允许更改轨道的音量。

(3)如果已选择一个关键帧设置,请执行以下操作之一。

如果选择了"显示剪辑关键帧",则从下拉菜单(位于音轨中的剪辑头部)中选择"音量"→"电平"。

如果选择了"显示轨道关键帧",则从下拉菜单(位于音轨中的剪辑头部)选择"轨道"→"音量"。

默认情况下会启用音量调整,如图 16-8 所示。

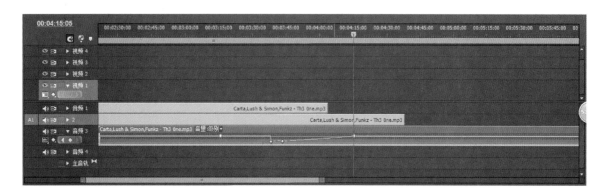

图 16-8 启用音量调整

16.3
实现高级混音

16.3.1　自动化控制

在使用自动化音频控制之前,首先介绍两个概念:声像与平衡。

声像又称虚声源或感觉声源,指用两个或者两个以上的音箱进行放音时,听者对声音位置的感觉印象,有时也称这种感觉印象为幻象。使用声像,可以在多声道中,对声音进行定位。

平衡是在多声道之间调节音量。它与声像调节完全不同,声像改变的是声音的空间信息,而平衡改变的是声道之间的相对属性。平衡可以在多声道音频轨道之间重新分配声道中的音频信号。

调节单声道音频,可以调节声像,在左右声道或者多个声道之间定位。例如,一个人的讲话,可以移动声像同人的位置相对应。调节立体声音频,因为左右声道已经包含了音频信息,所以声像无法移动,调节的是音频左右声道的音量平衡。

在播放音频时,使用"调音台"面板的自动化音频控制功能,可以将对音量、声像、平衡的调节实时自动地添加到音频轨道中,产生动态的变化效果。

16.3.2　创建子混音轨道

子混合就是轨道。它合并了从同一序列中的特定音轨或轨道发送路由到它的音频信号。子混合是音轨与主音轨之间的中间步骤。如果希望对许多音轨进行同样的处理,子混合会很有用。例如,可以使用子混合对一个包含5条轨道的序列中的3条轨道应用相同音频和效果设置。子混合可只需应用一种效果的一个示例而无须应用多个示例,从而可充分利用计算机的处理能力。

和包含剪辑的音轨一样,子混合可以是单声道、立体声或环绕。子混合在"音轨混合器"和"时间轴"面板中均显示为全功能轨道,因此可以像编辑包含音频剪辑的轨道那样编辑子混合轨道属性。但是,子混合与音轨有以下不同之处。

(1) 子混合音轨不能包含剪辑,不能向其进行录制。因此,它们不包含任何录制或设备输入选项或剪辑编辑属性。

(2) 在音频轨道混合器中,子混合的背景比其他轨道要暗一些。

(3) 在"时间轴"面板中,子混合没有"切换轨道输出"图标或"显示样式"图标。

在"时间轴"面板中创建子混合如下。

(1) 选择"序列"→"添加轨道",如图16-9所示。

(2) 在"音频子混合音轨"部分中指定选项,然后单击"确定"。

同时创建子混合并分配发送,如图 16-10 所示。

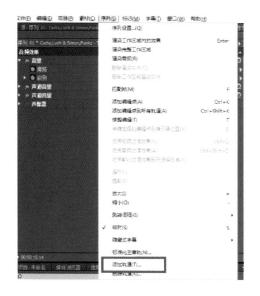

图 16-9　添加轨道

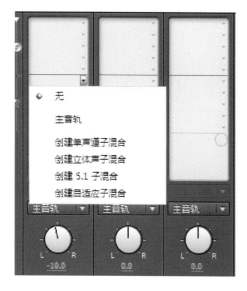

图 16-10　同时创建子混合并分配发送

(1) 如果需要,单击自动选项菜单左侧的三角形,以在音轨混合器中显示效果—发送面板。

(2) 在音轨混合器中,从 5 个发送列表菜单中的任何一个选择"创建单声道子混合"、"创建立体声子混合"或"创建子混合"。

将轨道的输出路由到子混合。

在音轨混合器中,从相应轨道底部的轨道输出菜单中选择子混合名称。

16.3.3　混合音频

可以使用音轨混合器设置两条或多条音轨彼此之间的相对音量。例如,可以再增加一条音轨上的旁白者语音音量的同时降低另一条轨道上的背景音乐音量。此外,可以增加或减小完全混合(即包含所有选定轨道的音频)的整体音量。使用音轨混合器,可以在收听来自所需轨道的回放的同时实时进行这些调整。默认情况下,利用音轨混合器对每条音轨所做的音量调整会保存在"时间轴"面板中该轨道上的可见"轨道音量"关键帧中。对整个混合所做的音量调整会保存在"时间轴"面板中主音轨上的可见"轨道音量"关键帧中。

(1) 选择有两条或多条音轨包含音频的序列。

(2) 选择"窗口"—"音频轨道混合器"。

"音轨混合器"面板即会显示在中心拖放区内,并且"时间轴"面板的每条音轨已分配到混合器上其各自的总线。

(3) 在音轨混合器中,为要修改的所有轨道选择"闭锁"、"触动"或"写入"。

(4) 在"时间轴"面板中,对于每条音频轨道,单击"显示关键帧"按钮。然后,从下拉菜单中选择"显示轨道关键帧"或"显示轨道音量"。

(5) 单击"播放"按钮(位于"音频轨道混合器"面板的左下方),以播放序列并监视其音频。

(6) 在监视声音时,将任何音轨的音量滑块上移或下移以增加或减小其音量。

(7) 在监视声音时,将主音轨的音量滑块上移或下移,以增加或减小整个混合的音量。

"轨道音量"关键帧将显示在已进行音量调整的每条轨道中,包括主音轨。

第17章

输出影片

SHUCHU YINGPIAN

视频导出可扫描下面的二维码了解。

17.1

设置影片参数

(1) 打开 Adobe Premiere PRO CS6 的软件,"新建项目"。

(2) 输入项目"名称",选择好项目存档的"位置"。

(3) 检查"视频显示格式"、"音频显示格式"、"捕捉格式"设置。

(4) 检查完毕点击"确定"。

(5) 新建项目文件之后,选择"文件"—"导入"命令,打开"导入"对话框,导入已经制作完成的场景。

(6) 选择"文件"—"导出"—"媒体"命令。

(7) 在弹出的"导出设置"对话框中的"导出设置"区域中设置"格式"。

(8) 在"输出名称"选项中设置输出的路径及名称。

(9) 然后在"视频编解码器"区域中设置"视频编解码器"在"基本视频设置"区域中设置"质量"、"高度"、"宽度"。

(10) 设置完成后单击"导出"按钮。

(11) 弹出"编码"对话框,显示影片输出的进度,即可开始输出。

设置影片参数如图 17-1 所示。

图 17-1 设置影片参数

17.2

输出为常用视频格式

输出为常用视频格式如图 17-2 所示。

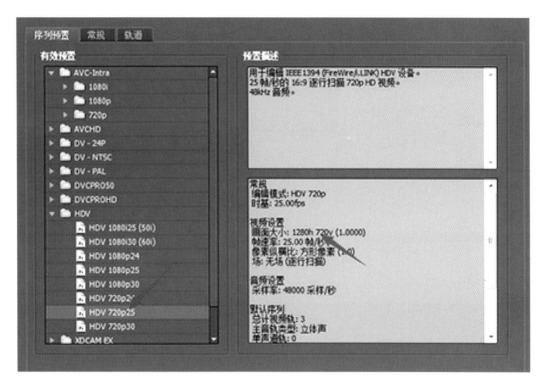

图 17-2　输出为常用视频格式

17.2.1　输出 AVI 文件

"文件"—"输出"—"Media",然后会弹出一个对话框(见图 17-3 和图 17-4),在里面再具体设置输出格式、输出质量等参数的。要输出 AVI 视频就设置第一行的格式为 AVI 即可。

17.2.2　输出 WMV 文件

"文件"—"输出"—"Media",然后会弹出一个对话框,在里面再具体设置输出格式、输出质量等参数的。要输出 AVI 视频就设置第一行的格式为 WMV 即可。

图 17-3 对话框(一)

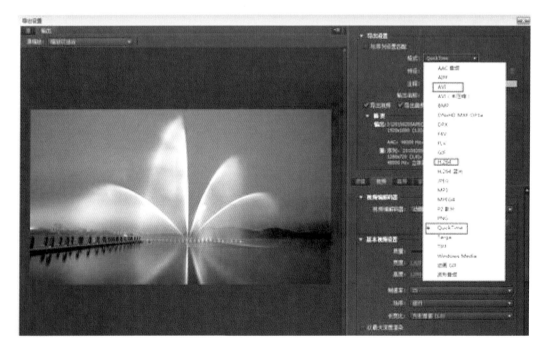

图 17-4 对话框(二)

17.2.3 输出 MPEG 文件

"文件"—"输出"—"Media",然后会弹出一个对话框,在里面再具体设置输出格式、输出质量等参数的。要输出 AVI 视频就设置第一行的格式为 MPEG 即可。

17.3
导出为交换文件

17.3.1 输出 EDL 文件

输出 EDL 文件:"文件"—"导出"—"输出到 EDL 文件"。

17.3.2 输出其他格式文件

输出其他格式文件:"文件"—"导出"。然后根据需要的格式进行选择。

Premiere/VR景观视频结合

Premiere/VR JINGGUAN SHIPIN JIEHE

18.1
虚拟现实的历史

18.1.1 初探

虚拟现实(Virtual Reality,VR)也称虚拟环境(Virtual Environments,VE),是指采用以计算机技术为核心的现代高科技手段生成一种模仿现实世界或假象世界的虚拟环境,用户借助特殊的输入与输出设备可以与虚拟世界中的物体进行自然的交互,从而通过视觉、听觉和触觉等获得与真实世界相同的感受。

18.1.2 缓慢发展

虚拟现实概念的首次提出可以追溯到1935年。当时,小说家Stanley G. Weinbaum出版了一部以眼镜为基础,涉及视觉、嗅觉、触觉等全方位沉浸式体验的小说。20世纪50年代之后,人们对VR设备进行从未间断的尝试性研发。在20世纪90年代初期至中期,美国掀起一波虚拟现实商业化的热潮。随着媒体的大量报道与公众的狂热追捧,市场上出现许多虚拟现实硬件产品,但大多很快便淡出人们的视线。其中,最著名的案例当属任天堂于1994年发布的Virtual Boy。但该产品在上市不到一年时间内即停止发售。近几年,VR的发展又迎来了一个高潮。2016年被广泛认为是VR的"火爆年"。全球各大科技公司频频推出VR头盔,明星也纷纷将VR技术运用到演唱会中,VR创新大会也在全球各地举办。

18.2
虚拟现实的发展

18.2.1 主机VR

2016年,被全球业界普遍认为是VR商业化普及的元年,各大行业厂商纷纷发力,追赶这股VR浪潮。Samsung、HTC、Sony、Oculus等科技巨头的加入,将推动虚拟现实技术的发展,也让人们看到了这个行业的未来。此外,中国的VR市场也遍地开花,目前已有200多家VR领域的科技创业公司,覆盖全产业链环节。这也将加速虚拟现实设备普及。

按照目前 VR 的硬件形态来划分,VR 头戴设备主要分为三种:移动端头显、外接头戴式设备和一体机头显。移动端头显也就是所谓的 VR 眼镜盒子,只要放入手机即可观看;外接头戴式设备也称为 PC 端头显,需要将其连接电脑才能进行观看;另外一体机头显,它具有独立 CPU、输入和输出显示功能,完全摆脱外置设备。

VR 的硬件如图 18-1 至图 18-3 所示。

图 18-1　VR 的硬件(一)　　　　图 18-2　VR 的硬件(二)　　　　图 18-3　VR 的硬件(三)

18.2.2　VR 硬件设备

目前市场上主流的三类 VR 硬件设备中,国外 VR 厂商主推分离式头戴 VR 设备(分离式 HMD),其硬件技术水平要求较高,具有独立显示屏,内配多种电子零部件,仍不能独立于主机系统而工作。不过,主机系统不限于智能手机,可连接 PC 和视频游戏机使用,代表产品包括 Facebook 推出的 Oculus Rift、HTC Vive 和 Playstation VR。分离式 H MD 制作投入相对较大,普遍售价较高。

目前我国的 VR 硬件厂商大多偏向于市场型。他们较少拥有自主核心技术,普遍选择抢滩技术简单的滑配式 VR 设备。国内 VR 设备领军品牌暴风魔镜、大朋、蚁视等都推出了各式各样的 VR"手机盒子"。这类产品不但技术简单,投入成本低,而且规模效应明显,适合批量生产。目前 VR 行业成功变现且产生盈利的公司也大多集中于布局滑配式 VR 设备的硬件厂商之中。

18.3
虚拟现实的用途

18.3.1　培训教育

1.激发学习动机,增强学习体验

一般来说,学习动机分内部动机和外部动机。内部动机源于学习者对活动本身产生的愉悦感及满意度。虚拟现实技术通过呈现个性化特征、丰富多彩的媒体形式和刺激性的对话促进学习者的学习动机。虚拟现实

技术可创设逼真的场景,提供动态的高交互设置,学习者在其中显示出较高的学习动机和参与度。无论是虚拟仿真校园、模拟飞行空间,还是数字博物馆,虚拟现实技术都能将学习者置身于解决真实问题的情境中,如图18-4所示。

图 18-4　置身于情境中

2.实现情境学习,促进知识迁移

传统教学备受批判的主要原因,是传统教学脱离具体真实的情境,导致学生知识迁移能力不足,迁移率低、迁移意识不强。情境学习致力于解决这种挑战,通过设置与生活情境类似的情境,促进学习的发生。虚拟现实技术支持情境学习的发生。虚拟现实技术能够提供丰富的感知线索以及多通道(如听觉、视觉、触觉等)的反馈,帮助学习者将虚拟情境的所学迁移到真实生活中,满足情境学习的需要。

18.3.2　运动

利用虚拟现实技术将多功能健身器械设计出来,以虚拟现实技术为基础的运动器械能够让人们在运动过程中有身临其境之感,与人们室内健身过程中还可体验室外环境之需相满足。虚拟现实技术是对人们感知外界的状态进行模拟。此处所说的"外界",不仅指再现某特定现实环境,而且指假象所得出的虚拟环境,健身者可利用听觉、触觉和视觉等方式交互虚拟环境。这样就能如同身处现实之中,而且虚拟现实技术也存在处理输入设备与多种输出形式的功能,可以实施碰撞检测、实时交互、视点控制、行为建模等。现阶段虚拟现实技术在娱乐、虚拟造、游戏、教育及军事仿真等领域被广泛使用。由此可见,对虚拟现实技术的研究,充分、全面体现出多学科交互特征。

以虚拟现实技术为基础的运动系统设计(见图18-5),可将其具体分为非沉浸式与沉浸式两种,其中沉浸式必须有三维立体显示器、数据手套、立体眼镜、高性能计算机、图形工作站及立体声耳机等相关设备。这样人们可以感知较为真实的外在视觉与听觉。该技术可和虚拟自然环境交互操作,让人们犹如身处自然环境中。该运动系统的主要特征是具有较强沉浸感,而且设备价格也比较昂贵。而非沉浸式是利用现代化软件技术设计出具有多样化视觉信息与听觉信息的虚拟世界,其特点主要在于应用方便,而且价格相对较为经济。

图 18-5　运动系统设计

18.3.3　游戏

　　虚拟现实技术在数字娱乐游戏设计制作中的应用,主要是通过形式创新体现出来的。当前,数字娱乐游戏引擎技术有了明显突破。游戏世界中的环境、画面较之 2D 游戏相比,沉浸感、现实感更强,备受广大游戏爱好者的追捧。如《Doom1》《Doom4》等射击类型游戏,都以仿若真实的虚拟实境和动作模拟得到游戏玩家的喜爱。此外,《实况点球》等运动类型游戏,通过虚拟现实技术实现虚拟世界和物理皮球的有效结合,让游戏玩家体验到真实射击的感觉。目前,外国某游戏公司正在开发设计《虚拟茧》游戏,从视觉、听觉、触觉、嗅觉等几个方面模拟游戏玩家的感官体验。进入游戏世界后,游戏玩家通过自身的感官体验既可以游览世界,而且,通过通信技术、网络技术,游戏玩家可以随时与远方朋友进行面对面的交流互动,仿佛就在一个房间内。总之,虚拟现实技术通过不同的形式应用于数字娱乐游戏,带给游戏玩家真实的物理交互体验,实现以往的梦想。

　　此外,进行游戏内容设计与制作时,虚拟现实应与数字娱乐游戏的主题、风格联系起来,以便增强数字娱乐游戏的娱乐性和吸引力。为达到这样的目的,游戏设计开发者需要不断地进行尝试,寻找虚拟现实与数字娱乐游戏之间结合的最佳契机,合理设计游戏角色,融入角色情感。这样一来,游戏玩家通过游戏角色可以带入自身情感,切实融于游戏世界,仿佛成为游戏中真实的人物,与游戏中的其他角色共同完成任务。如《模拟飞行》游戏通过模拟游戏玩家的感官体验将游戏玩家的情感带入游戏中(见图 18-6),满足游戏玩家心理、感官等方面的需求。由于此类型游戏过于接近现实,能满足游戏玩家现实中无法实现的梦想,不少游戏玩家沉溺其中不能自拔。为避免发生此类情况,进行数字娱乐游戏开发设计时,应当人性化地设计游戏角色,即使深陷虚拟的游戏世界,也能透过游戏世界中的事物联想到现实世界的人和事,提升理性认识,达到寓教于乐的效果。

18.3.4　电影

　　由虚拟影像技术参与制作的电影画面放映在电影银幕上能够模仿出物质世界中的现实和真实,甚至有的

图 18-6 情感带入游戏中

还能够超越这种现实和真实,从而在绚烂无比的银幕上折射出充满幻想和神奇的奇观影像。从这个意义上来说,虚拟现实技术的应用拓展了电影艺术作品的表现空间。

同时,虚拟现实激发了电影艺术创作者的想象力和创造力。虚拟影像技术在现当代电影中的广泛应用不仅改变着电影艺术本身,而且不断刺激着电影艺术家的创作灵感,促使他们充分挖掘出最大潜力的想象力和创造力。想象力和创造力对电影创作具有至关重要的推动作用。爱因斯坦认为,想象力比知识更为重要,因为知识是有限的,而想象力则是无限的,想象力概括着世间的一切,推动着进步,也是知识进化的原动力。高尔基也有"艺术是靠想象而存在"的论断。数字虚拟技术为电影艺术家提供了更广阔的想象舞台,进而极大地提高了艺术家的电影创作能力。在电影艺术作品中,运用数字化的虚拟技术所呈现出来的物质生活空间环境往往是在现实空间和客观物质生活中并不存在的或者永远也不可能发生的时空,无论是对过去的环境还是未来的幻想环境以及其他人类主体的审美心理活动的想象和描述,都需要创作者富有激情的艺术想象力作为支撑。但这些想象中的虚幻物像在物质现实环境中是既看不到又不能亲身去经历和体验的。因此只有依靠创作者的艺术想象力,在想象的意识中去进行感受审美体验,然后通过相关的技术手段将想象中的虚幻物像进行真实具体化的处理,最终通过特定的传播媒介将虚拟影像呈现在银幕上,提供给人们观赏或进行审美评价。虚拟影像技术不仅可以随意修改在影片中显得不尽如人意的图像和声音,而且可以准确传达电影艺术家的创意和构思,在虚拟的银幕世界中向人们展示从未见过的另一番别具特色的充满想象的奇幻世界。例如《侏罗纪公园》《阿甘正传》《泰坦尼克号》《指环王》等一系列好莱坞经典电影,它们的成功有一个很大的相通点,即影片创作者具有丰富的艺术想象力和如云如水的时空创造力。

观众在欣赏电影时,会积极主动地利用意识从而充分调动起以往的生活经验和经历过的相似的心理审美感受去理解和感悟电影艺术作品的创作者和技术人员使用虚拟影像技术所创造出来的艺术思想和重要价值观念,即导演的中心思想。在数字虚拟现实技术还没有应用到电影艺术创作的时代,导演在创作电影艺术作品时,总会或多或少地遇到一些关键技术上的难题。这些技术方面的难题难免会对电影艺术作品的导演发挥想象力并传递思想价值和审美观念造成一定程度的阻碍,因此在此之前电影艺术的魅力和吸引力并不像现当代电影这么强。当虚拟影像技术应用到电影艺术作品中来的时候,作为一种传播媒介的电影,导演不仅可以利用它来制造娱乐效果,给观众提供感官上的愉悦享受,而且通过拍摄制作电影从而向观众传达一定的思想和价值理念。

看 VR 电影如图 18-7 所示。

图 18-7　看 VR 电影

18.3.5　心理治疗

虚拟现实技术可提供各种直观的感官刺激,在虚拟环境中,可以看到各种景象,可以听到不同的声音,可以触摸物体,可以闻到香气,使人直观形象地感受环境和事件,同时头戴式显示器、数据手套等传感装置能把感觉封闭起来,使患者感觉身临其境一般。逼真的临场感有利于治疗的实施,有利于患者全身心投入治疗,有利于患者心理问题的呈现。

在恐惧症的治疗中,VR 技术主要用来建立使患者产生恐惧心理的虚拟情境,把患者置于这种虚拟的情境中实施暴露疗法。除了在虚拟场景中运用暴露疗法治疗恐高症,虚拟现实技术还可用于飞行恐惧症、幽闭恐惧症、动物恐惧症(如蜘蛛恐惧症)等心理疾病的治疗。与真实情境相比,在治疗过程中采用虚拟情境可使患者避免出现过强的恐惧反应,同时保证患者的人身安全。

创伤后应激障碍是人们在遭受创伤性事故或重大灾难后较常出现的一种心理疾病。这类疾病的理想疗法是情境暴露法,但一般情况下很难重现个体当时遭受创伤和灾难的情境,而运用 VR 技术可以让患者所害怕的事情或情境得以重现。通过对应的虚拟场景刺激患者或用来缓解内心的压抑情绪,使他们重新体验当时受伤的经历,让患者直接面对创伤性事故,从而消除恐惧,使患者认识到自己认知上的扭曲。要使治愈起到实际效果,必然要依据患者个体所经历的事故进行针对性还原与重现。

在精神分裂症治疗中,行为认知疗法主要使有利的、适应性的行为得以重建,使错误行为方式得以治疗性的矫正。VR 技术主要模拟患者在生活中出现的各种幻觉,通过画面的形式呈现给患者,帮助患者认识到这些幻觉是由疾病引起的,是一种病态的不正常的心理,帮助患者忽略生活中出现的幻觉。在治疗期间,虚拟现实技术能够帮助患者认识到哪些行为方式是错误的,从而改变其行为方式。

VR 用于心理治疗如图 18-8 所示。

18.3.6　广告

虚拟现实技术的应用为广告提供传播新平台,带来新鲜刺激感。建立在互联网的基础上,但与传统广告媒

图 18-8　VR 用于心理治疗

介有很大区别,虚拟现实技术提供了一个全新的不同于以往的传播平台。虚拟现实技术作为当前最新颖的技术,广告与之结合必然引起大量关注。新鲜的广告形式会极大地吸引消费者,能够给消费者深刻的体验,使广告脱颖而出。同时,在这个社群时代,虚拟现实广告的刺激新鲜会让消费者主动地进行二次传播,吸引其他消费者也来参与关注。

　　变单向传播为真正的互动传播。在自主信息传播时代,互动是主流趋势,但现在,大多互动行为都是社交媒体层面上的互动,没有做到内容上的真正互动。而虚拟现实技术可以实现内容上的互动,消费者可以直接进入广告当中,成为其中的一部分,与广告内容进行互动。相较于播放制作好的广告片,虚拟现实广告能够实现与消费者心理层面的深度互动,消费者可以自行选择以何种角色进入广告,以及在广告中停留时间的长短。消费者不再是一个单纯的接受者,而是一个参与者。VR 用于广告如图 18-9 所示。

图 18-9　VR 用于广告

18.3.7　虚拟现实直播

　　由于互联网技术的发展和可移动设备的普及,网民热衷于视频直播。再加上大型互联网企业在视频直播领域的资金注入,越来越多的视频直播平台开始涌现。视频直播中受众往往只能从某一角度观看直播,而不能全方位地了解主播周围环境的状况。而虚拟现实技术正好满足了受众这一需求,使受众能从各个角度观看直播。虚拟现实模拟现实的特点增强了用户体验,在心理上拉近了受众与主播之间的距离,受众的参与感也大大增强。

　　传统直播在直播重要事件如体育赛事、热点事件时具有一定的局限性,受众受镜头推移、视线角度的限制不能获得最佳的视觉体验。而 VR 直播可以较好地解决这个问题。据高盛研究报告估计,到 2025 年,VR 直播事件的市场规模将达到 41 亿美元。国外一些企业在用 VR 设备进行赛事直播上进行了一些尝试。2015 年 10月,NextVR 应用 VR 技术直播了金州勇士队和新奥尔良鹈鹕队的比赛。三星公司在直播挪威冬季青奥会中的滑冰、滑雪等比赛项目时也应用了 VR 技术。受国外媒体的影响,国内媒体也做出了一些尝试。2016 年"两会"期间,许多媒体使用 VR 设备对两会进行了 360°全景报道。2016 年北京草莓音乐节也首次采用了 VR 形式来直播。微鲸科技联手旗下体奥动力、盛力世家两家体育公司,制作国内首个 VR 版足球赛事——中国国家女子足球队对阵哥斯达黎加女足。

虚拟现实技术的实质是构建一种人为的能与之进行自由交互的"世界"。在这个"世界"中参与者可以实时地探索或者移动其中的对象。3D 显示与交互技术是虚拟现实技术的关键技术之一,虚拟现实的交互能力依赖于 3D 显示和交互技术。传统重大事件直播比如两会直播和 VR 直播的一大区别是 VR 直播的 3D 显示、交互和全景。但是目前的 VR 技术水平尚不能满足高清晰度画面的要求,画面跟踪范围也不够精准。所以说,当前的 VR 直播从严格意义上来说只能称为全景直播而不能称为 VR 直播,如图 18-10 所示。

图 18-10　VR 直播

 18.4
虚拟现实产品介绍

18.4.1　主体硬件

目前比较常规 VR/AR 设备套组由以下四种组成。

(1) 头戴式显示设备(HMD):这是大家最熟悉的,俗称虚拟现实眼镜。它是一种硬件设备,放在用户眼前,让用户看到 AR 或 VR 效果,比如三星 Gear VR 和 Facebook Oculus Rift。

(2) 主机系统:主机系统是指为 HMD 提供各种功能保证的设备,比如智能手机、PC 等。主机系统决定了

HMD 设备的智能化和自动化程度。目前的 VR、AR 厂商也非常乐于与主机系统厂商合作,比如 Oculus 与 PC 品牌厂商合作推出的"Ready PC Program"项目、华硕和 Alienware 的几款高端 PC 产品已经获得了 Oculus 的认证,可全面支持 Oculus Rift。

(3)追踪系统:追踪系统一般作为 HMD 的外设,当然也可以被整合到设备中去,一般包括内置传感器、陀螺仪和磁力计。追踪系统是通过捕捉用户运动来创造一种沉浸式的体验,比如戴着 HMD 设备抬头,那屏幕画面就可以通过接受追踪系统发送的信号把画面转化为天空。

(4)控制器:一般作为手持设备出现,通过它可以让用户追踪自己的动作和手势,比如 Oculus Touch、三星的 Gear VR Rink。

18.4.2　各种配件

1. 数据手套

数据手套是虚拟仿真中最常用的交互工具。数据手套设有弯曲传感器,弯曲传感器由柔性电路板、力敏元件、弹性封装材料组成,通过导线连接至信号处理电路。在柔性电路板上设有至少两根导线,以力敏材料包覆于柔性电路板大部,再在力敏材料上包覆一层弹性封装材料,柔性电路板留一端在外,以导线与外电路连接。把人手姿态准确实时地传递给虚拟环境,而且能够把与虚拟物体的接触信息反馈给操作者,使操作者以更加直接、更加自然、更加有效的方式与虚拟世界进行交互,大大增强了互动性和沉浸感,并为操作者提供了一种通用、直接的人机交互方式,特别适用于需要多自由度手模型对虚拟物体进行复杂操作的虚拟现实系统。数据手套本身不提供与空间位置相关的信息,必须与位置跟踪设备连用。

2. 力矩球

力矩球(空间球 Space Ball)是一种可提供六个自由度的外部输入设备。它安装在一个小型的固定平台上。六个自由度是指宽度、高度、深度、俯仰角、转动角和偏转角,可以扭转、挤压、拉伸以及来回摇摆,用来控制虚拟场景做自由漫游,或者控制场景中某个物体的空间位置机器方向。力矩球通常使用发光二极管来测量力。通过装在球中心的几个张力器测量出手所施加的力,并将其测量值转化为三个平移运动和三个旋转运动的值送入计算机中,计算机根据这些值来改变其输出显示。力矩球在选取对象时不是很直观,一般与数据手套、立体眼镜配合使用。

3. 操纵杆

操纵杆是一种可以提供前后左右上下六个自由度及手指按钮的外部输入设备,适合对虚拟飞行等的操作。由于操纵杆采用全数字化设计,所以其精度非常高。无论操作速度多快,它都能快速做出反应。

操纵杆的优点是操作灵活方便,真实感强,相对于其他设备来说价格低廉。缺点是只能用于特殊的环境,如虚拟飞行。

4. 触觉反馈装置

在 VR 系统中如果没有触觉反馈,当用户接触到虚拟世界的某一物体时易使手穿过物体,从而失去真实感。解决这种问题的有效方法是在用户交互设备中增加触觉反馈。触觉反馈主要是基于视觉、气压感、振动触感、电子触感和神经肌肉模拟等方法来实现的。向皮肤反馈可变点脉冲的电子触感反馈和直接刺激皮层的神经肌肉模拟反馈都不太安全,相对而言,气压式和振动触感是较为安全的触觉反馈方法。

气压式触摸反馈是一种采用小空气袋作为传感装置的。它由双层手套组成,其中一个输入手套来测量力,有 20～30 个力敏元件分布在手套的不同位置,当使用者在 VR 系统中产生虚拟接触的时候,检测出手的各个部位的手里情况。用另一个输出手套再现所检测的压力,手套上也装有 20～30 个空气袋放在对应的位置,这些小空气袋由空气压缩泵控制其气压,并由计算机对气压值进行调整,从而实现虚拟手物碰触时的触觉感受和手里情况。该方法实现的触觉虽然不是非常的逼真,但是已经有较好的结果。

振动反馈是用声音线圈作为振动换能装置以产生振动的方法。简单的换能装置就如同一个未安装喇叭的声音线圈,复杂的换能器是利用状态记忆合金支撑。当电流通过这些换能装置时,它们都会发生形变和弯曲。可能根据需要把换能器做成各种形状,把它们安装在皮肤表面的各个位置。这样就能产生对虚拟物体的光滑度、粗糙度的感知。

5. 力觉反馈装置

力觉和触觉实际是两种不同的感知,触觉包括的感知内容更加丰富,如接触感、质感、纹理感以及温度感等。力觉感知设备要求能反馈力的大小和方向,与触觉反馈装置相比,力觉反馈装置相对成熟一些。目前已经有的力觉反馈装置有力量反馈臂、力量反馈操纵杆、笔式六自由度游戏棒等。其主要原理是有计算机通过力反馈系统对用户的手、腕、臂等运动产生阻力从而使用户感受到作用力的方向和大小。

由于人对力觉感知非常敏感,一般精度的装置根本无法满足要求,而研制高精度力反馈装置又相当昂贵。这是人们面临的难题之一。

6. 运动捕捉系统

在 VR 系统中为了实现人与 VR 系统的交互,必须确定参与者的头部、手、身体等位置的方向,准确地跟踪测量参与者的动作,将这些动作实时监测出来,以便将这些数据反馈给显示和控制系统。这些工作对 VR 系统是必不可少的,也正是运动捕捉技术的研究内容。

到目前为止,常用的运动捕捉技术从原理上说可分为机械式、声学式、电磁式和光学式。同时,不依赖于传感器而直接识别人体特征的运动捕捉技术也将很快进入实用。

从技术角度来看,运动捕捉就是要测量、跟踪、记录物体在三维空间中的运动轨迹。

7. 机械式运动捕捉

机械式运动捕捉依靠机械装置来跟踪和测量运动轨迹。典型的系统由多个关节和刚性连杆组成,在可转动的关节中装有角度传感器,可以测得关节转动角度的变化情况。装置运动时,根据角度传感器所测得的角度变化和连杆的长度,可以得出杆件末端点在空间中的位置和运动轨迹。实际上,装置上任何一点的轨迹都可以求出,刚性连杆也可以换成长度可变的伸缩杆。

机械式运动捕捉的一种应用形式是将欲捕捉的运动物体与机械结构相连,物体运动带动机械装置,从而被传感器记录下来。这种方法的优点是成本低、精度高、可以做到实时测量,还可以允许多个角色同时表演,但是使用起来非常不方便,机械结构对表演者的动作的阻碍和限制很大。

8. 声学运动捕捉

常用的声学捕捉设备由发送器、接收器和处理单元组成。发送器是一个固定的超声波发送器,接收器一般由呈三角形排列的三个超声波探头组成。通过测量声波从发送器到接收器的时间或者相位差,系统可以确定接收器的位置和方向。

这类装置的成本较低,但对运动的捕捉有较大的延迟和滞后,实时性较差,精度一般不很高,声源和接收器之间不能有大的遮挡物,受噪声影响和多次反射等干扰较大。由于空气中声波的速度与大气压、湿度、温度有关,所以必须在算法中做出相应的补偿。

9.电磁式运动捕捉

电磁式运动捕捉是比较常用的运动捕捉设备。一般由发射源、接受传感器和数据处理单元组成。发射源是在空间按照一定时空规律分布的电磁场。接受传感器安置在表演者沿着身体的相关位置,随着表演者在电磁场中运动,通过电缆或者无线方式与数据处理单元相连。

它对环境的要求比较严格,在使用场地附近不能有金属物品,否则会干扰电磁场,影响精度。系统的允许范围比光学式要小,特别是电缆对使用者的活动限制比较大,对于比较剧烈的运动则不适用。

10.光学式运动捕捉

光学式运动捕捉通过对目标上特定光点的监视和跟踪来完成运动捕捉的任务。目前常见的光学式运动捕捉大多数基于计算机视觉原理。从理论上说,对空间中的一个点,只要它能同时被两个相机缩减,则根据同一时刻两个相机所拍摄的图像和相机参数,可以确定这一时刻该点在空间中的位置。当相机以足够高的速率连续拍摄时,从图像序列中就可以得到该点的运动轨迹。

这种方法的缺点就是价格昂贵,虽然可以实时捕捉运动,但后期处理的工作量非常大,对于表演场的光照、反射情况有一定的要求,装置定标也比较烦琐。

11.数据衣

在 VR 系统中比较常用的运动捕捉是数据衣。数据衣是为了让 VR 系统识别全身运动而设计的输入装置。它是根据"数据手套"的原理研制出来的。这种衣服装备着许多触觉传感器,衣服里面的传感器能够根据身体的动作探测和跟踪人体的所有动作。数据衣对人体大约 50 个不同的关节进行测量,包括膝盖、手臂、躯干和脚。通过光电转换,身体的运动信息被计算机识别,反过来衣服也会反作用在身上产生压力和摩擦力,使人的感觉更加逼真。

和 HMD 数据手套一样数据衣也有延迟大、分辨率低、作用范围小、使用不便的缺点。另外数据衣还存在着一个潜在的问题就是人的体型差异比较大。为了检测全身,不但要检测肢体的伸张状况,而且还要检测肢体的空间位置和方向,这需要许多空间跟踪器。

18.5
小结

虚拟现实自出现到如今,已经有变革人类视觉体验之势,因为在虚拟现实重构的世界里,不仅有视、听、触、嗅等感觉,而且变得越发真实。与虚拟现实相对应的,还有增强现实以及混合现实。它们在改变人类视觉体验的同时,也在真切地变革我们的生活。尽管目前虚拟现实技术仍有许多缺陷,但它注定会在不远的将来影响每一个人,那时既可用它来购物,又可进行模拟驾驶,甚至还可用它来治疗疾病。

第19章

Premiere/VR景观视频结合

Premiere/VR JINGGUAN SHIPIN JIEHE

19.1
虚拟现实技术难点

19.1.1 晕动症

体验完虚拟现实内容之后,用户可能会有强烈的眩晕感,疲劳,眼花,恶心等。这些都是 VR 晕动症的症状。VR 晕动症不仅会使用户无法长时间沉浸到虚拟世界,而且会使用户的重复使用率变得极低。因此虚拟现实普及的进程中绕不开的一座大山便是 VR 晕动症。

视觉晕动症是单纯由视觉系统引起的眩晕感,主要是由于头显本身的刷新率、闪烁、陀螺仪等引起的高延迟问题导致的眩晕感。

以延迟为例,当用户的头部在 0.5 秒(假设)内向右边旋转 90°时,头显最终也会给用户呈现右转 90°之后的画面。然而如果头显具有较高的延迟问题,画面的转换会花费 1 秒的时间(假设),这个时间差(0.5 秒)就是高延迟,会使用户立即产生强烈的眩晕感。而最优质的头显将这一时间差控制在 20 毫秒之内,用户便不会因为延迟而产生眩晕。

模拟晕动症的本质是由于用户视觉上观察到的状态和身体的真实状态之间的不一致引发的。

最常见的例子就是坐着或站着用手柄来操控角色移动时,视觉上他得到的信息是"我在移动"。然而负责感知身体状态的中耳前庭器官却给大脑发出"我没动"的信号。这种矛盾的信号会让大脑认为"自己"处在一个不正常且危险的状态。这时大脑会立刻用强烈的眩晕感来警告用户,需要尽快脱离目前的状态。更糟糕的是,这种眩晕感会不断地积累加强,继而引发疲劳、呕吐等症状。症状不会随着用户停止体验而停止。这种头晕、恶心的症状会根据使用者不同的体质持续数十分钟乃至数小时。

VR 晕动症如图 19-1 所示。

图 19-1 VR 晕动症

19.1.2 视疲劳

目前所有在售的 VR 产品都存在导致佩戴者眩晕和人眼疲劳的问题。其耐受时间与 VR 画面内容有关,且因人而异,一般耐受时间为 5~20 分钟;对于画面过度平缓的 VR 内容,部分人群可以耐受数小时。

19.1.3　成像延时

在虚拟现实系统中,用户可通过头盔显示器(HMD)感受虚拟世界。HMD 可以将用户与周围现实环境隔离开,使用户产生强烈的沉浸感。使用 HMD 时,为了实时更新所要显示的虚拟环境,必须使用位置跟踪器跟踪用户的头部运动。在理想条件下,HMD 响应用户头部运动、更新显示内容的时间应该为零。然而,数据传输、图形计算等因素的影响,会导致一定的时间延迟。时间延迟可导致用户产生眩晕感,影响 HMD 的使用效果。著名虚拟现实专家 Frederick P. Brooks 指出,时间延迟是虚拟现实系统最严重的技术缺陷。在开发基于 HMD 的虚拟现实训练系统过程中就遇到了这样的状况,影响用户的沉浸感,造成系统效果不理想。

19.2
虚拟现实应用设计时要考虑的因素

19.2.1　工程场景搭建

采用虚拟现实技术实现"虚拟工程场景"中,三维场景建模是一项很重要的工作。它占据的工程量达整体工作的 70%～80%。场景建模实际上就是对实体对象按"虚拟工程"的呈现、可视化、漫游等要求,对其对等实体大量相关数据的收集、组织和存储以供其使用的过程。其主要通过工程总平面图、地形图、楼建筑图纸及学校区域的航拍图、卫星遥感图来获得数字化地图数据。场景总平面图通常以 AutoCAD 格式存储,在处理中尽量简化多余的层面,只保留对建模有用的层、面、体处理过的数据。纹理对增加虚拟场景的真实感有至关重要的作用,纹理数据是指来自实地拍摄的数码照片和用于地表物体的纹理及简单映射几何模型的纹理数据库等。其整体流程如下。①对场景的地理环境进行地形、地貌建模,根据地形特点可划分为若干区域,并确定每个区域上相关特征。②对各个区域中的主要地物、单体景物建立三维几何模型和属性列表。③模型的纹理处理,主要是对建筑物、地表等景物贴上适当处理好的纹理和材质,使其与真实景物相符,包括树木、花草、围栏等,大量的绿化不仅使虚拟场景变得美丽,而且会让在漫游中的景物具有强烈的层次感和真实感,贴图纹理包括不透明纹理和透明纹理。④区域模型的优化。按照地形图的整体结构,依次连接成带属性参数的整体虚拟模型。

19.2.2　添加 VR 组件

三维建模常见的几种格式——"dae"、"skp"、"fbx"、"max"等都可以导入到 unity 中。以下是最常见的两种和虚拟现实硬件的对接。

1.unity 创建 oculus rift dk2 项目

在 unity 中创建一个简单的场景,让摄像机能看见场景中的物体,不对摄像机做任何操作,然后选择 File/

Build Settings/Other Settings/Virtual Reality Supported。

插入 dk2,当然驱动和眼镜都准备完毕,点击运行,一个简单的示例便完成了。

2.unity 创建 htc vive 项目

首先在 Asset Store 中下载 SteamVR Plugin。现在使用的最低版本支持 unity4.7.1。导入插件,根据里面自带的 demo,将里面的预设组件拖在场景中,然后架设自己的场景。htc 的好处就是可以定位。还有手柄操作,点击运行就可以。注意创建 htc vive 的项目需要将 oculus rift dk2 勾选的那个 Virtual Reality Supported 取消掉。

19.2.3　常用 Steam VR 组件详解

Steam VR_Camera:VR 摄像机,主要功能是将 Unity 摄像机的画面进行变化,形成 Vive 中的成像画面。

使用方法:在任一个摄像机上增加脚本。

点击 Expand 按钮。

Steam VR 组件如图 19-2 所示。

图 19-2　Steam VR 组件

图 19-3　结构

完成以上操作后,原本的摄像机会变成如图 19-3 结构。

Origin:位置。

Head:头部。

Eye:眼睛。

Ears:耳朵。

至此,游戏 Vive 中可以看到游戏画面,360°旋转查看游戏世界,在游戏世界中移动等,如图 19-4 至图19-7 所示。

Steam VR_Controller Manager 和 Steam VR_Tracked Object。

控制器,主要用于设置和检测 Vive 控制器。

Vive 控制器(见图 19-8)由菜单键(Application Menu)、触摸板(Touchpad)、系统键/电源键(System)、扳机键(Trigger)、侧柄键(Grip)组成。

图 19-4 操作(一)

图 19-5 操作(二)

图 19-6 操作(三)

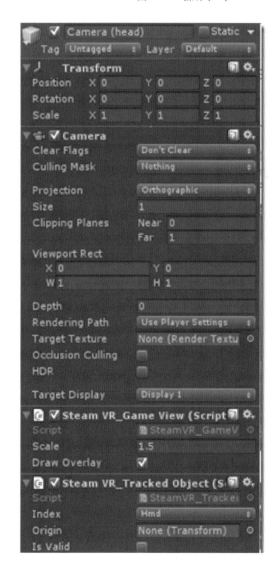

图 19-7 操作(四)

(1) Menu button(菜单键)。

(2) Trackpad(触摸板)。

(3) System button(系统键/电源键)。

(4) Status light。

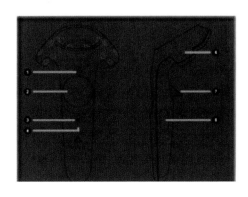

图 19-8　Vive 控制器

（5）Micro-USB port。

（6）Tracking sensor。

（7）Trigger（扳机键）。

（8）Grip button（侧柄键）。

使用方法如下。

在 Origin 物体上添加 2 个子物体代表 Vive 的 2 个手柄，增加 SteamVR_TrackedObject，Index 设置为 None。

在 Origin 物体上添加 SteamVR_ControllerManager，设置左右手柄。

至此就完成了手柄的集成。

获取手柄状态如下。

1. 通过代码

```
var device＝SteamVR_Controller. Input(uint) ;
device. GetTouchDown(SteamVR_Controller. ButtonMask)
```
就可以获取到某个按键的状态。

2. 或者使用

```
var system＝OpenVR. System;
system. GetControllerState(uint,ref VRControllerState_t)
```
获取当前所有的按键状态。

3. 手柄震动

```
public void TriggerHapticPulse(ushort durationMicroSec＝500,EVRButtonId buttonId＝EVRButtonId.
k_EButton_SteamVR_Touchpad)
{
var system＝OpenVR. System;
if(system ！ ＝null)
{
var axisId＝(uint)buttonId-(uint)EVRButtonId. k_EButton_Axis0;
system. TriggerHapticPulse(ControllerIndex,axisId,(char)durationMicroSec) ;
}
}
```
或者
```
var device＝SteamVR_Controller. Input(uint) ;
device. TriggerHapticPulse( ) ;
SteamVR_RenderModel
```
该组件用于渲染手柄的模型，并且跟踪手柄的位置。

4. 使用方法

在左右手柄的物体下创建一个子物体，子物体上添加 SteamVR_RenderModel 脚本，Shader 可以根据需求设置(见图19-9),比如设置为 Standard。

至此,游戏中可以看到手柄模型和手柄位置同步。

SteamVR_PlayArea 用于显示游玩区域。

使用方法,在 Origin 物体上添加该脚本即可。具体设置如图 19-10 所示。

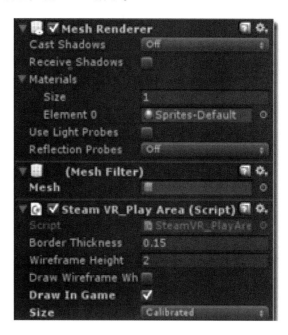

图 19-9   设置   图 19-10   具体设置

19.2.4   常见的动作捕捉技术

1.计算机视觉动作捕捉技术

这项技术基于计算机视觉原理,其由多个高速相机从不同角度对运动目标进行拍摄。当目标的运动轨迹

被多台摄像机获取后,通过后续程序的运算,便能在计算机中得到目标的轨迹信息,也就完成了动作的捕捉。计算机视觉动作捕捉技术如图 19-11 所示。

Leap Motion 在 VR 应用中的手势识别技术(见图 19-12)便利用了上述的技术原理,其在 VR 头显前部安装有两个摄像头,利用双目立体视觉成像原理,通过两个摄像机来提取包括三维位置在内的信息进行手势的动作捕捉和识别,建立手部立体模型和运动轨迹,从而实现手部的体感交互。

采用这种技术的好处是可以利用少量的摄像机对监测区域的多目标进行动作捕捉。大物体定位精度高,同时被监测对象不需要穿戴和拿取任何定位设备,约束性小,更接近真实的体感交互体验。

不足的是,这种技术需要庞大的程序计算量,对硬件设备

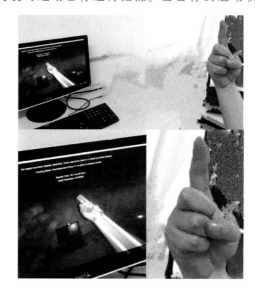

图 19-11   计算机视觉动作捕捉技术

图 19-12　手势识别技术

有一定配置要求,同时受外界环境影响大,比如环境光线昏暗、背景杂乱、有遮挡物等都无法很好地完成动作捕捉。此外,捕捉的动作如果不是合理的摄像机视角以及程序处理影响等,对比较精细的动作可能无法准确捕捉。

2.基于惯性传感器的动作捕捉技术

　　采用这种技术,被追踪目标需要在重要节点上佩戴集成加速度计、陀螺仪和磁力计等惯性传感器设备。这是一整套的动作捕捉系统,需要多个元器件协同工作,其由惯性器件和数据处理单元组成,数据处理单元利用惯性器件采集到的运动学信息。当目标在运动时,这些元器件的位置信息被改变,从而得到目标运动的轨迹,之后再通过惯性导航原理便可完成运动目标的动作捕捉。

　　基于惯性传感器的动作捕捉技术如图 19-13 所示。

　　Perception Neuron 是一套灵活的动作捕捉系统(见图 19-14)。使用者需要将这套设备穿戴在身体相关的部位上,比如手部的话捕捉需要戴一个"手套"。其子节点模块体积比硬币还小,却集成了加速度计、陀螺仪以及磁力计的惯性测量传感器。之后便可以完成单臂、全身、手指等精巧动作及大动态的奔跑跳跃等的动作捕捉。可以说是上述的动作捕捉技术中可捕捉信息量最大的一个,还可以无线传输数据。

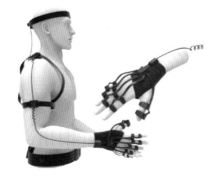

图 19-13　基于惯性传感器的动作捕捉技术

图 19-14　动作捕捉系统

　　相比以上的动作捕捉技术,基于惯性传感器的动作捕捉技术受外界的影响小,不用在使用空间上安装"灯塔"、摄像头等杂乱部件,可获取的动作信息量大、灵敏度高、动态性能好、可移动范围广,体感交互也完全接近真实的交互体验。

不足的是,需要将这套设备穿戴在身体,可能会造成一定的负担。

19.2.5　常见的空间定位技术

1.激光定位技术

基本原理就是在空间内安装数个可发射激光的装置,对空间发射横竖两个方向扫射的激光,被定位的物体上放置了多个激光感应接收器。通过计算两束光线到达定位物体的角度差,从而得到物体的三维坐标,物体在移动时三维坐标也会跟着变化,便得到了动作信息,完成动作的捕捉。

代表:HTC Vive-Lighthouse 定位技术。

HTC Vive 的 Lighthouse 定位技术就是靠激光和光敏传感器来确定运动物体的位置。通过在空间对角线上安装两个高大概 2 米的"灯塔"。灯塔每秒能发出 6 次激光束,内有两个扫描模块,分别在水平和垂直方向轮流对空间发射激光扫描定位空间。激光定位技术如图 19-15 所示。

HTC Vive 的头显和两个手柄(见图 19-16)上安装有多达 70 个光敏传感器,其通过计算接收激光的时间来得到传感器位置相对于激光发射器的准确位置,利用头显和手柄上不同位置的多个光敏传感器从而得出头显/手柄的位置及方向。

图 19-15　激光定位技术

图 19-16　HTC Vive 的头显和两个手柄

激光定位技术的优势在于相对其他定位技术来说成本较低,定位精度高,不会因为遮挡而无法定位,宽容度高,避免了复杂的程序运算。所以反应速度极快,几乎无延迟,可同时支持多个目标定位,可移动范围广。

不足的是,其利用机械方式来控制激光扫描,稳定性和耐用性较差。比如在使用 HTC Vive 时,如果灯塔抖动严重,可能会导致无法定位,随着使用时间的加长,机械结构磨损,也会导致定位失灵等故障。

2.红外光学定位技术

这种技术的基本原理是通过在空间内安装多个红外发射摄像头,从而对整个空间进行覆盖拍摄。被定位的物体表面则安装了红外反光点,摄像头发出的红外光再经反光点反射,随后捕捉到这些经反射的红外光,配合多个摄像头工作再通过后续程序计算后便能得到被定位物体的空间坐标。

红外光学定位技术如图 19-17 所示。

与上述描述的红外光学定位技术不同的是,Oculus Rift(见图 19-18)采用的是主动式红外光学定位技术,其头显和手柄上放置的并非红外反光点,而是可以发出红外光的"红外灯"。

然后利用两台摄像机进行拍摄。需要注意的是,这两台摄像机加装了红外光滤波片,所以摄像机能捕捉到的仅有头显/手柄上发出的红外光,随后再利用程序计算得到头显/手柄的空间坐标。

图 19-17　红外光学定位技术

图 19-18　Oculus Rift

相比红外光学定位技术利用摄像头发出的红外光再经由被追踪物体的反射获取红外光。Oculus Rift 的主动式红外光学定位技术,则直接在被追踪物体上安装红外发射器发出红外光被摄像头获取。

另外,Oculus Rift 上还内置了九轴传感器(见图 19-19),其作用是当红外光学定位发生遮挡或者模糊时,能利用九轴传感器来计算设备的空间位置信息,从而获得更高精度的定位。

图 19-19　九轴传感器

标准的红外光学定位技术同样有着非常高的定位精度,且延迟率也很低。不足的是这全套设备加起来成本非常高,使用起来很麻烦,需要在空间内搭建非常多的摄像机,所以这技术目前一般为商业使用。

而 Oculus Rift 的主动式红外光学定位技术＋九轴定位系统则大大降低了红外光学定位技术的复杂程度,其不用在摄像头上安装红外发射器,也不用散布太多的摄像头(只有两个),使用起来很方便,同时相对 HTC Vive 的灯塔也有着很长的使用寿命。

不足的是,由于摄像头的视角有限,Oculus Rift 不能在太大的活动范围使用,可交互的面积大概为 1.5 m×1.5 m,此外也不支持太多物体的定位。

3. 可 见 光 定 位 技 术

可见光定位技术(见图 19-20)的原理和红外光学定位技术有点相似,同样采用摄像头捕捉被追踪物体的位置信息,只是其不再利用红外光,而是直接利用可见光,在不同的被追踪物体上安装能发出不同颜色的发光灯,摄像头捕捉到这些颜色光点从而区分不同的被追踪物体以及位置信息。

索尼的 PS VR(见图 19-21)采用的便是上述这种技术。很多人以为 PS VR 头显上发出的蓝光只是装饰用,实际是用于被摄像头获取,从而计算位置信息,而两个体感手柄则分别带有可发出天蓝色和粉红色光的灯,之后利用双目摄像头获取到这些灯光信息后,便能计算出光球的空间坐标。

相比前面两种技术,可见光定位技术的造价成本最低,而且无须后续复杂的算法,技术实现难度不大。这也就为什么 PS VR 能买这么便宜的其中一个原因,且灵敏度很高,稳定性和耐用性强,是最容易普及的一种方案。

不足的是这种技术定位精度相对较差,抗遮挡性差,如果灯光被遮挡则位置信息无法确认。对环境也有一

图 19-20　可见光定位技术

图 19-21　索尼的 PS VR

定的使用限制,假如周围光线太强,灯光被削弱,可能无法定位,如果使用空气有相同色光则可能导致定位错乱。同时由于摄像头视角原因,可移动范围小,灯光数量有限,可追踪目标不多。

19.3

VR 景观视频制作

19.3.1　景观模型动画漫游

虚拟现实的视频需要全景素材来进行制作,常见的三维软件,例如 rhino,3ds Max,Sketchup 等,均可以进行全景模型素材的制作。以 Sketchup 为例,360°全景图像非常方便用户环绕观察整个空间,直观形象。在 VRay for SketchUp 中制作 360°全景图像,关键在于设置球形相机渲染覆盖 360°,同时将出图宽高比设置为 2:1。具体设置如图 19-22 和图 19-23 所示。

将最终图导入 Pano2VR 合成 360°全景图。

图 19-22　具体设置(一)

图 19-23　具体设置(二)

（1）准备好两张及以上图片，如图 19-24 所示。

图 19-24　图片

（2）打开 pano2vr 软件，如图 19-25 所示。

图 19-25　打开软件

（3）把两张图拖到软件里，选中图片在"输入"侧点击"交互热点"—"修改"，如图19-26所示。

交互热点

定义了0 个交互热点

修改

图 19-26　交互热点

（4）添加选择好交互的热点位置、添加标题、切换图片地址"in"，如图19-27所示。

图 19-27　交互热点-out

（5）主页在"输出"—"输出格式"，选择合适的格式后完成。

19.3.2　Premiere 制作 VR 景观视频

制作 VR 视频分为以下几个步骤。

（1）直接导入360°全景拍摄的视频，放进来可以在软件里面预览一下，如图19-28所示。

（2）把360°全景视频导入进来之后，把它放到时间线上，在时间线上播放一下。同时在预览窗口点加号添加全景的图标进来，如图19-29所示。

（3）添加进来之后再次点击全景图标。这时预览的是360°全景视频的图像，可以用鼠标拖动窗口来移动不同的位置。同样可以在预览窗口下面的指针来调整不同的位置，和用鼠标拖动是一样的效果。在右边会显示是在多大角度，如图19-30所示。

（4）当选中时间线上的素材点击右键时，可以看到有 VR 的设置参数，如图19-31所示。

图 19-28　导入视频

图 19-29　添加全景图标

图 19-30　显示角度

图 19-31　设置参数

（5）选择 settings 时，可以打开它的调整左右眼的参数，以及屏幕显示大小的参数，如图 19-32 所示。

图 19-32　显示大小的参数

（6）当设置好所有的参数之后，开始输出，"Ctrl＋M"组合键可以直接打开输出的面板，打开后移到 Video（视频）面板后，在下面新增加了 VR 的设置选项。把它勾选上，就可以输出 VR 视频了，如图 19-33 所示。

图 19-33　输出 VR 视频

19.3.3　利用 PR 进行 VR 景观视频制作的意义

　　景观设计对环境变化的前瞻性和周围景物的关联性要求很高。因此在动工之前就必须对完工之后的环境有一个明确的、清晰的概念。通常情况下，设计者会通过沙盘、三维效果图、漫游动画等方式来展示设计效果，供决策者、设计者、工程人员以及公众来理解和感受。以上的传统展示方式都各有其不同的优缺点，但有一个缺点是共同的，即不能以人的视点深入其中，得到全方位的观察设计效果，而运用 VR 技术则可以很好地做到这一点。使用 VR 技术后，决策者、设计者、工程人员以及公众可从任意角度，实时互动真实地看到设计效果，身临其境地掌握周围环境和理解设计师的设计意图。这是传统手段所不能达到的。

[1] (美)美国 Adobe 公司. Adobe Premiere Pro CS6 中文版经典教程[M]. 张明,译. 北京:人民邮电出版社,2014.

[2] (美)美国 Adobe 公司. Adobe Photoshop CC 经典教程[M]. 侯卫蔚,巩亚萍,译. 北京:人民邮电出版社,2015.

[3] (英)马克西姆·亚戈. Adobe Premiere Pro CC 经典教程[M]. 陈昕昕,郭光伟,译. 北京:人民邮电出版社,2017.

[4] 九州书源. 中文版 Premiere Pro CC 影视制作从入门到精通[M]. 北京:清华大学出版社,2016.

[5] 段文兴,张予. Premiere 主流影视动画后期创作[M]. 北京:清华大学出版社,2013.

[6] 黄薇,王英华. Premiere Pro CS6 中文版标准教程[M]. 北京:清华大学出版社,2014.

[7] 陕华,朱琦. Premiere Pro CC 2017 视频编辑基础教程[M]. 北京:清华大学出版社,2017.

[8] 高敏,李少勇. 中文 Premiere Pro CS6 视频编辑剪辑完全自学教程[M]. 北京:北京希望电子出版社,2013.

[9] 尹小港. Premiere Pro CS6 影视编辑标准教程[M]. 北京:中国电力出版社,2014.

[10] 九州书源,宋晓均,张春梅. 中文版 Premiere 影视制作从入门到精通[M]. 北京:清华大学出版社,2014.

[11] 曹茂鹏. 中文 Premiere Pro CS6 影视编辑剪辑设计与制作 300 例[M]. 北京:北京希望电子出版社,2013.

[12] 张倩,刘影. Premiere Pro CC 视频编辑案例课堂[M]. 北京:清华大学出版社,2015.

[13] 张书艳,张亚利. Premiere Pro CC 2015 影视编辑从新手到高手[M]. 北京:清华大学出版社,2016.

[14] 王瀛,尹小港. Premiere Pro CC 影视编辑全实例(中文版)[M]. 北京:海洋出版社,2013.

[15] 孟克难. Premiere Pro CS6 基础培训教程[M]. 北京:人民邮电出版社,2012.

参考文献

PREMIERE/VR JINGGUAN SHIPIN JIANJI YU SHEJI

[16] 鼎翰文化. 新编 Premiere Pro CC 从入门到精通[M]. 北京:人民邮电出版社,2017.

[17] 凤舞科技. 中文版 Premiere Pro CC 入门与提高[M]. 北京:清华大学出版社,2015.

[18] 新视角文化行. 典藏:Premiere Pro CC 视频编辑剪辑制作完美风暴[M]. 北京:人民邮电出版社,2014.

[19] 华天印象. 中文版 Premiere Pro CC 实战视频教程[M]. 北京:人民邮电出版社,2017.

[20] 潘明歌. 中文版 Premiere Pro CC 艺术设计实训案例教程[M]. 北京:中国青年出版,2016.

[21] 卢博. VR 虚拟现实商业模式＋行业应用＋案例分析[M]. 北京:人民邮电出版社,2016.

[22] 刘丹. VR 简史一本书读懂虚拟现实[M]. 北京:人民邮电出版社,2016.

[23] 梁森山. 2016 年 3D 与 VR 技术教育应用新进展[M]. 北京:人民邮电出版社,2016.

[24] 复旦大学管理学院,中国管理研究国际学会. VR 虚拟现实魅力新世界[M]. 杭州:杭州蓝狮子文化创意股份有限公司,2016.

[25] 刘向群,郭雪峰,钟威,彭家乐. VR/AR/MR 开发实战:基于 Unity 与 UE4 引擎[M]. 北京:机械工业出版社,2017.

[26] 张克发,赵兴,谢有龙. AR 与 VR 开发实战[M]. 北京:机械工业出版社,2016.

[27] 喻晓和. 虚拟现实技术基础教程[M]. 北京:清华大学出版社,2015.

[28] 深圳市斯维尔科技有限公司,中国建设教育协会. 建设工程项目 VR 虚拟现实高级实例教程[M]. 北京:中国建筑工业出版社,2012.

[29] 刘光然. 虚拟现实技术[M]. 北京:清华大学出版社,2011.